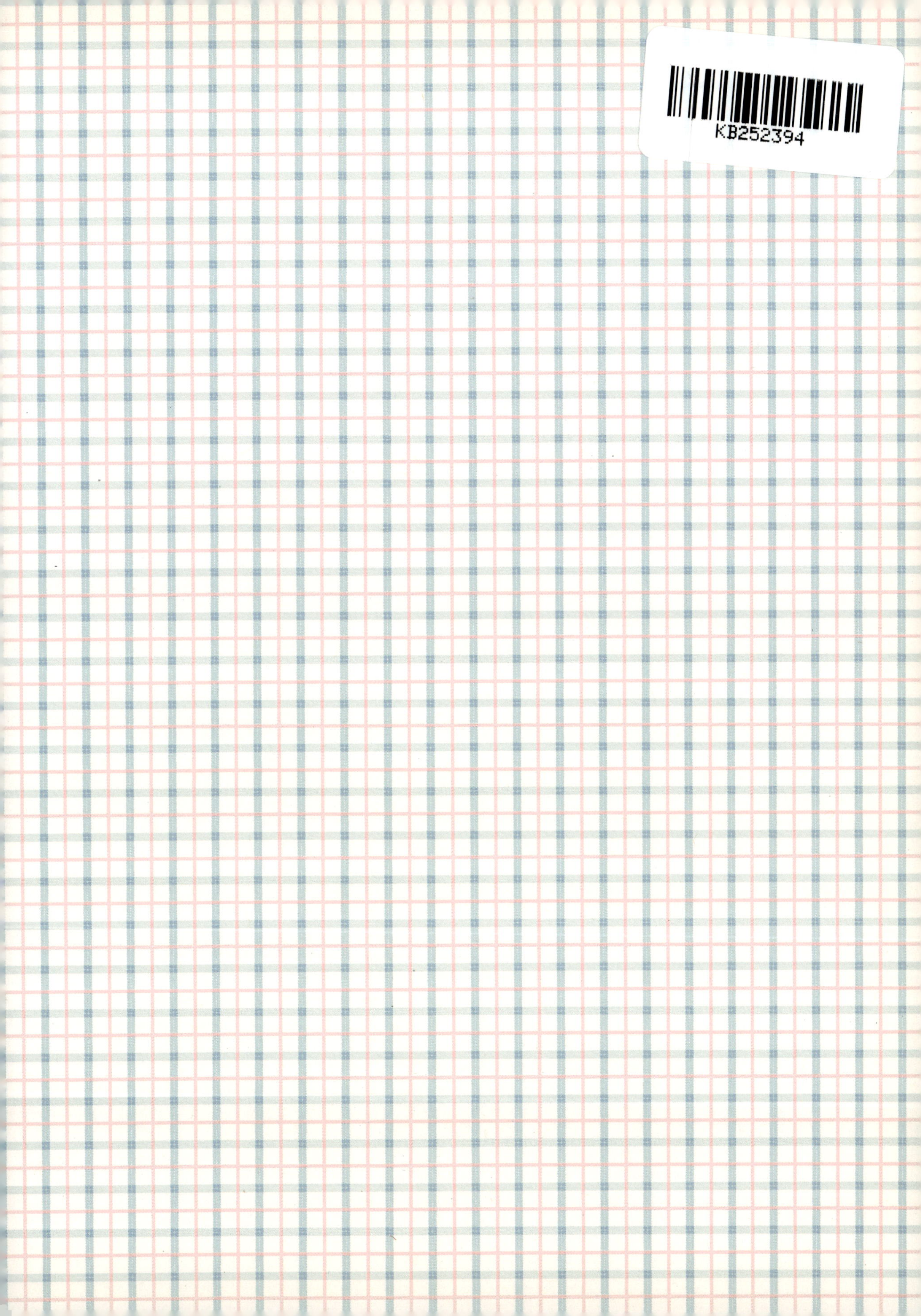

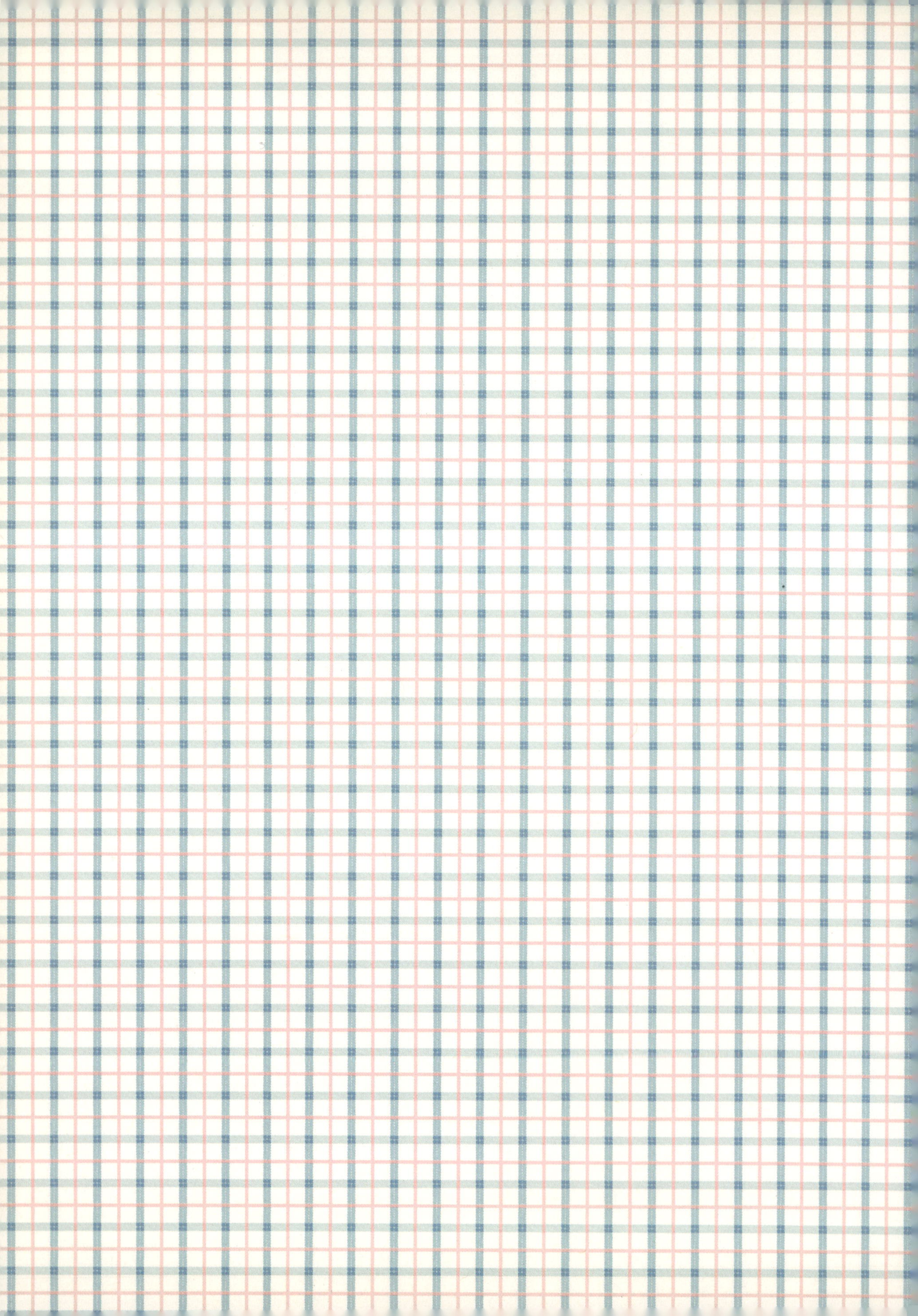

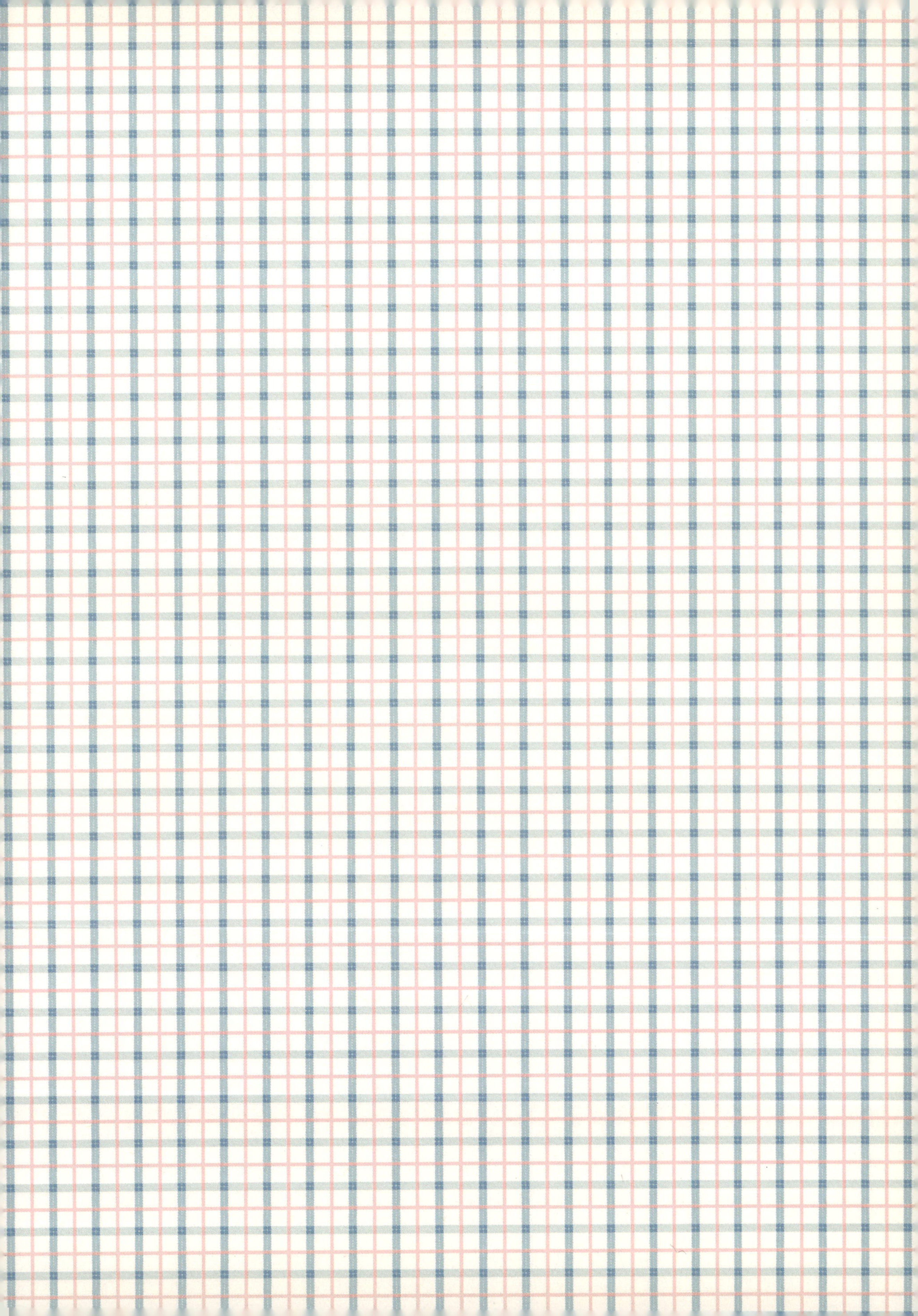

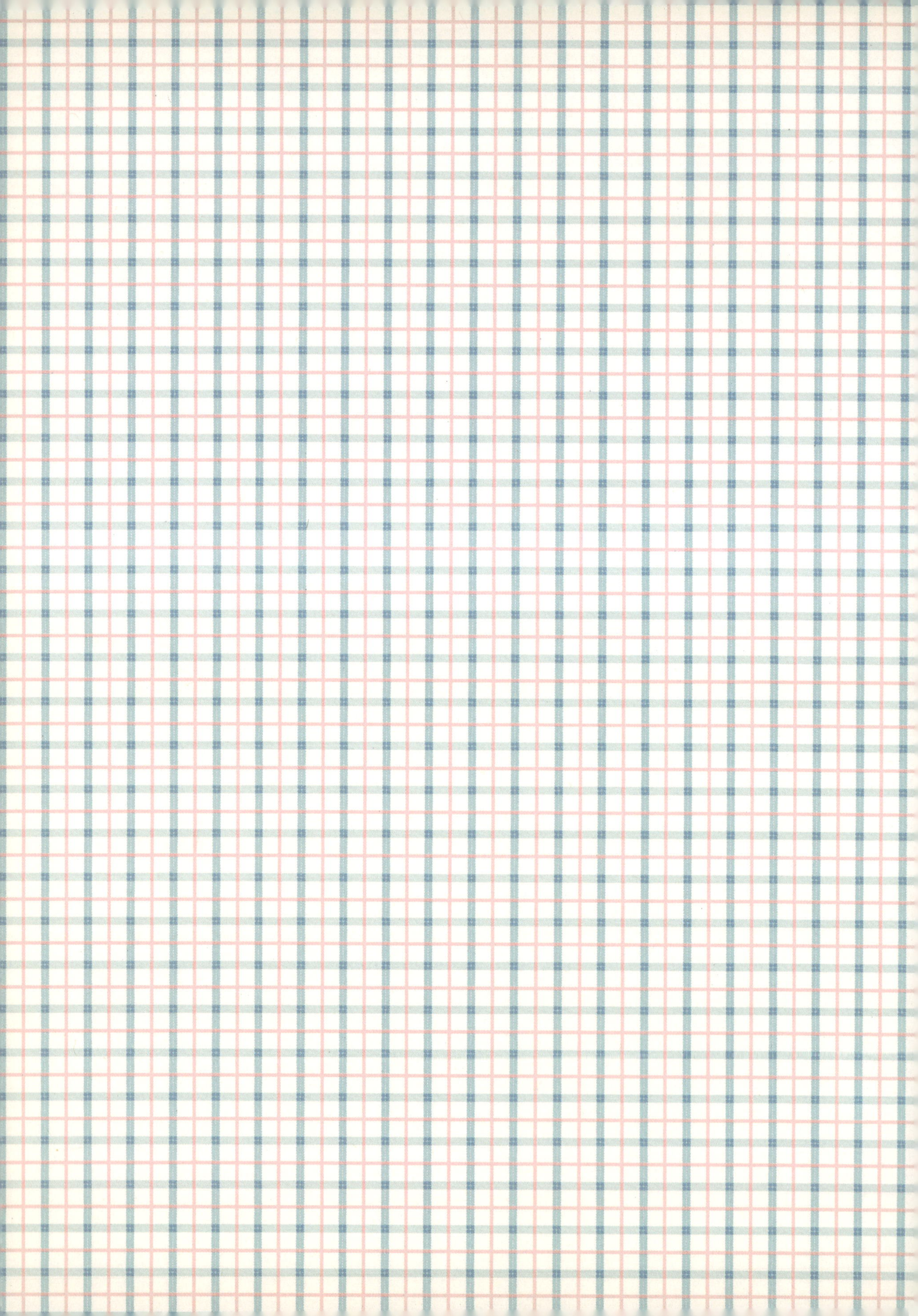

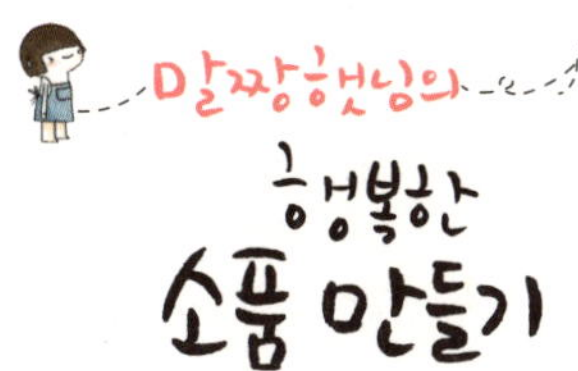

달짱햇닝의
행복한
소품 만들기

컵홀더+뚜껑
수건걸이
냅킨링
테이블 매트

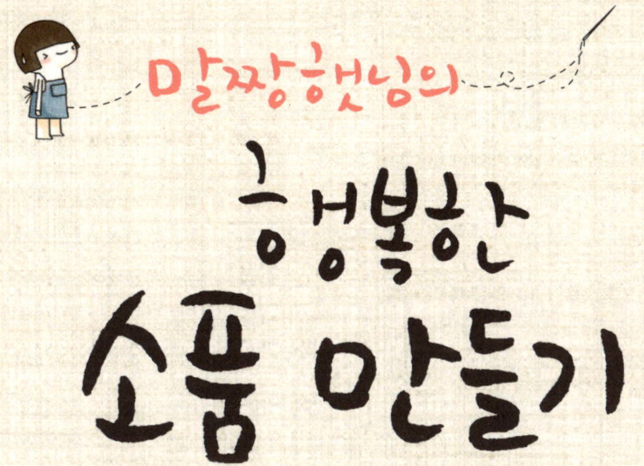

행복한 소품 만들기

이은주 지음

팜파스

저는 나만의 캐릭터를 디자인하여 예쁘고 실용적인 소품을 만드는 말짱햇님입니다.

저는 바느질하는 동안이 가장 행복합니다.
세상에 나 혼자 버려진 듯한 생각으로 힘들 때가 있었습니다. 모든 것이 다 부질없고 저 역시도 쓸모 없는 존재가 되어버렸다는 생각에 한동안은 대인기피증도 생겼었죠. 내가 과연 할 수 있는 게 있을까? 이 치열한 세상에 내가 끼여들 틈이 있을까? 매일 내가 가장 잘하는 게 뭘까? 제일 행복했던 순간이 언제였던가? 매일매일을 이런 생각으로 보냈었죠. 그리고 딱 1년만 할 수 있을 만큼 죽도록 해보자라는 생각에 취미로만 했던 바느질을 다시 시작했습니다.

당신은 무엇을 할 때 가장 행복한가요?
세탁해서 다리미로 빳빳하게 다려놓은 원단들을 늘어놓고, 머릿속에 떠오른 작품들이 날아갈까 열심히 바늘에 실을 꿰어 바느질을 시작합니다. 바느질을 하는 동안은 원하는 디자인대로, 일정한 바늘땀으로 바느질을 해나갑니다. 그러다 보면 잠시 복잡하고 걱정투성이였던 머릿속이 비워지고, 마음이 차분해지며 어느새 여유가 깃들게 됩니다. 그리고 "아~ 행복하다"라는 생각이 들게 된답니다.

일찍 결혼해서 전업주부로 10년 동안 살림하고 아이만 키우고 살았습니다. 휴대폰에 저장된 번호는 20개나 될까? 며칠 동안 전화 한 통도 오지 않는 날도 있었던 저에게 바느질을 하면서 좋은 친구, 예쁜 동생, 멋진 언니들을 알게 되었습니다. 지금은 사정상 잠시 작업실을 접게 되었지만, 조만간 멋진 작업실에서 맛있는 말짱햇님표 밀크티를 끓여놓고 함께 바느질할 날을 기대하고 있습니다.

늘 한결같이 응원해주고, 예뻐해주고, 사랑해주신 여러분들! (아~너무 보고 싶어요.) 사랑하고, 늘 감사합니다.

그리고
많이 배려해주시고, 수고해주신 팜파스 이진아 실장님께도 감사드립니다.
또또리, 또미 사랑하는 내 고양이들, 세상에서 가장 사랑하는 너무 예쁜 내 딸 수민이, 존경하는 우리 아빠, 늘 미안한 우리 엄마께 제 첫 번째 책을 바칩니다.

Contents

Making 01

Making 02

Making 03

Making 04

Making 05

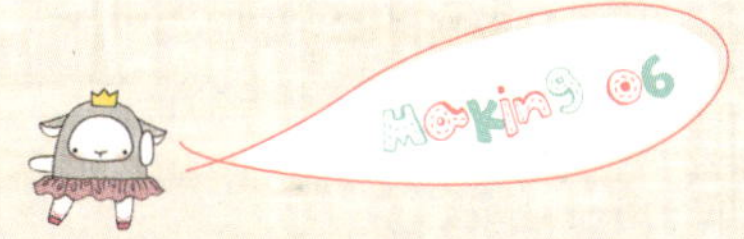
Making 06

Making 07

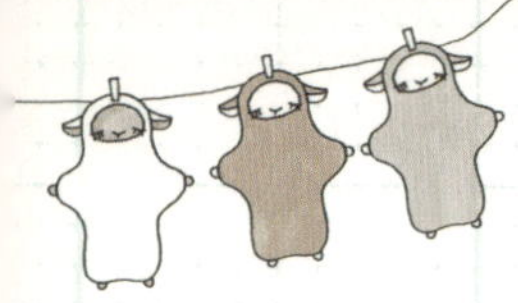

1. **수성펜**: 물이 닿으면 지워지는 펜이에요. 파란색과 갈색 등이 있고, 시간이 지나면 지워지는 '기화펜'도 많이 사용합니다.

2. **시침핀**: 반드시 섬유용을 사용해야 합니다. 문구용이나 저렴한 시침핀의 경우 원단에 구멍을 낼 수 있거든요. 바느질하기 전 원단을 고정하기 위해 완성선대로 꼼꼼히 꽂아 사용합니다.

3. **송곳**: 바느질을 하고 뒤집어주고 나서 모서리나 말려들어간 부분을 꺼내주고, 예쁘게 각을 잡아줄 때 씁니다.

4. **바늘**: 일반적으로 쓰이는 굵고 긴 바늘보다 작고 가는 바늘로 바느질하는 게 더 촘촘하고 곱습니다. 퀼팅용이나 아플리케용 바늘을 사용해도 좋습니다. 저는 비즈용으로 나온 바늘을 쓰는데, 저렴하고 녹이 잘 쓰지 않아서 즐겨 사용하고 있습니다. 바늘은 사용하다 보면 바늘 끝이 무뎌지거나 표면에 녹이 슬게 되는데, 그때마다 바늘을 교체해서 사용하는 것이 좋습니다.

5. **퀼트실**: 퀼트실은 보통 실보다 아주 질기고 빳빳해서 바느질하는 데 아주 편합니다. 모든 바느질은 1겹으로 사용하는데, 실이 충분히 질겨서 굳이 2겹으로 바느질할 필요가 없습니다. 저는 여러 가지 색깔의 실을 사용하기보다 아이보리색이나 베이지색으로 모든 바느질을 합니다.

6. **시침실**: 시침질은 본바느질을 하기 전에 바느질하기 편하도록 고정해주는 바느질입니다. 나중에 풀어내기 때문에 저렴하고 눈에 잘 띄는 색깔의 실을 2겹으로 사용합니다.

7. **접착제**: 저는 바느질에 글루건이나 접착제를 사용하는 것을 아주 싫어하지만, 가끔 써야 할 때가 있습니다. 이때 다용도 접착제로 준비합니다.

8. **학가위**: 꼭 학가위가 아니더라도 작고 예리한 가위를 준비하면 됩니다. 실을 자르거나 시접에 가위집을 줄 때 사용합니다.

9. **겸자**: 겸자는 원래 의료용이지만, 바느질할 때 편하게 사용할 수 있습니다. 창구멍으로 뒤집을 때와 솜을 넣을 때 주로 사용합니다. 나무젓가락으로 대신할 수 있지만, 계속 작품을 만드실 거라면 작은 겸자를 하나 구비하셔도 좋습니다.

10. **재단가위**: 원단을 자를 때 사용합니다. 재단용 가위는 무척 비싸지만, 싼 가위라도 원단용/종이용으로 구분해서 사용하면 날이 무뎌지지 않고 오래 사용할 수 있습니다.

11. **자**: 퀼트는 시접도 정확히 제도해서 잘라야 합니다. 제 작품에는 그렇게까지는 필요 없습니다. 그냥 자도 좋지만, 방안선이 그려져 있는 투명자가 쓰기에 편리합니다.

4온스
2온스
Gondola
Snap Fasteners
INVISIBLE
Perfect for sheer fabrics
Hemline

기본 재료

① **아일렛/가시도트**: 각각 쇠막대기로 된 아일렛 기구와 가시도트 기구가 있습니다. 아일렛은 구멍을 뚫어 링고리를 만들어주는 용도로 사용하고, 가시도트는 스냅단추를 말합니다. 바느질을 좋아하는 분들은 어쩌면 가지고 있을 거예요.

② **가방바닥판**: 말 그대로 가방 밑바닥이 쳐지지 않도록, 각이 살도록 깔아주는 가방바닥판입니다. 도화지 같은 사이즈로 판매되며 용도에 맞게 가위로 잘라 사용하면 됩니다. 적당히 힘이 있고, 유연하고 세탁해도 괜찮아서 저는 소품 만들 때 사용하는데, 세탁이 필요 없는 작품에는 '하드보드지'를 사용하기도 합니다. 하드보드지가 가방바닥판보다 훨씬 빳빳합니다.

③ **심지**: 한쪽 면에는 접착제가 발라져 있어 스팀다리미로 눌러 다려 원단에 부착해서 사용합니다. 원단에 힘을 주고 각을 잡을 때 사용합니다.

④ **접착솜**: 여러 가지 두께로 생산이 되며 저는 4온스와 2온스를 주로 사용합니다. 심지와 마찬가지로 한쪽 면에 접착제가 묻어 있으며 스팀다리미로 눌러 다려서 원단에 붙여줍니다. 소품에는 접착솜을 쓰고, 피부에 닿는 이불이나 베개는 접착제가 묻어 있지 않은 그냥 솜을 사용하는 것이 좋습니다.

⑤ **수실**: 인형의 눈이나 입, 주근깨, 코를 수놓아줄 때 소량을 사용하는데, 십자수할 때 쓰는 수실을 2겹으로 사용합니다.

⑥ **P.P 알갱이**: 작은 플라스틱 알갱이입니다. 주로 인형의 엉덩이에 넣어서 혼자 앉을 수 있게 무게를 잡아주는 데 사용됩니다.

⑦ **솜**: 소품에는 주로 방울솜이나 구름솜을 씁니다. 탄성과 복원력이 좋아 저는 방울솜을 주로 사용합니다.

⑧ **똑딱단추**: 플라스틱과 금속으로 되어 있습니다. 사이즈가 다양하기 때문에 적당한 것으로 골라서 사용하면 됩니다.

⑨ **눈**: 인형을 만들 때 제일 중요한 것이 눈이라고 생각합니다. 눈은 꼭 무엇을 사용하라고 규정짓고 싶지 않아요. 상상력만 있다면 눈으로 사용할 수 있는 소재는 무궁무진합니다. 기존에 인형 눈이라고 판매되는 것도 좋고, 일반 단추 중에서도 골라볼 수 있고, 저처럼 캣츠아이라는 준보석을 사용할 수 있습니다. 이 책에 사용된 눈들은 크고 작은 캣츠아이와 오닉스입니다.

⑯ **패브릭 잉크패드**: 저는 거의 모든 작품의 캐릭터 얼굴에 볼터치를 해주는데, 생기 있고 훨씬 귀여워진답니다. 스템프 공예를 하는 분들이 사용하는 패브릭 잉크패드는 아이새도 팁으로 살짝 찍어서 펴 발라준 후 다리미로 열처리를 해주면 세탁을 해도 지워지지 않습니다. 잉크패드가 없으면 파스텔, 색연필, 아이새도 등으로 대신해도 되지만 오래 유지되지 않아요.

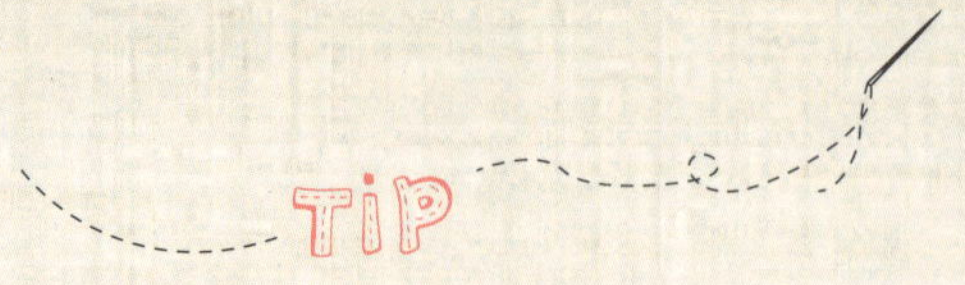

홈질

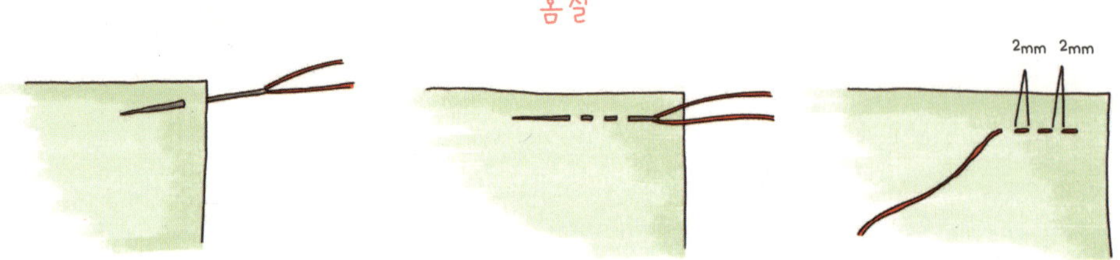

기본 바느질입니다. 따로 제시하지 않는 한 모든 바느질은 홈질로 합니다.
바늘땀 간격은 2~3mm로 일정하게 바느질하는 것이 예쁩니다.

시침질

시침질은 임시 바느질입니다. 완성되면 풀어낼 것이므로 저렴한 실을 2겹으로 씁니다. 풀어내기 편하게 색깔 있는 실을 쓰면 좋습니다.

매듭짓기

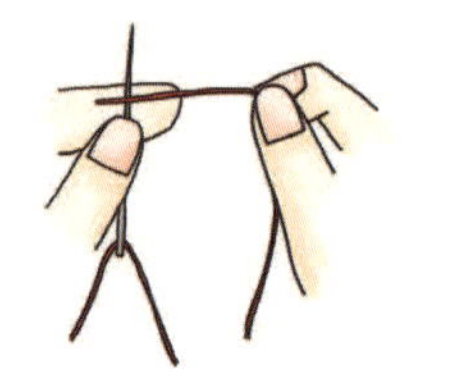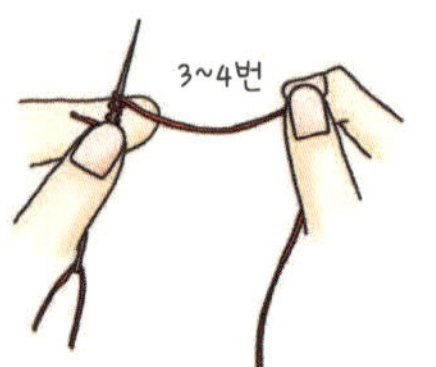

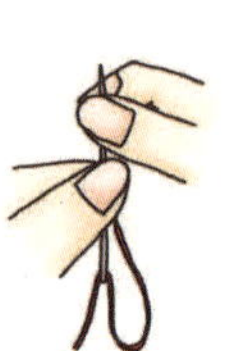

왼손에 바늘을 잡고, 그림처럼 오른손으로 실을 바늘에 3~4번 감습니다. 왼손 엄지로 바늘과 실을 살며시 잡고 오른손으로 바늘을 빼주면 튼튼한 매듭이 완성됩니다.

공그르기(아플리케)

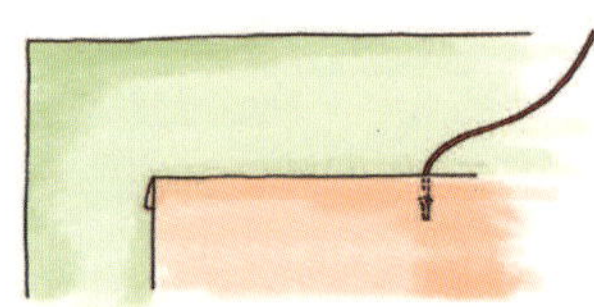

원단 위에 다른 원단을 덧대어 바느질땀이 보이지 않도록 숨겨 바느질하는 방법입니다.

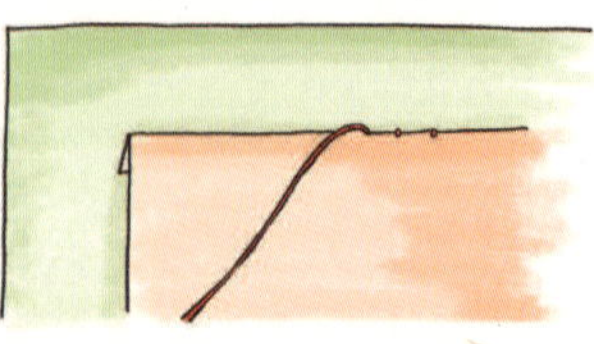

퀼팅

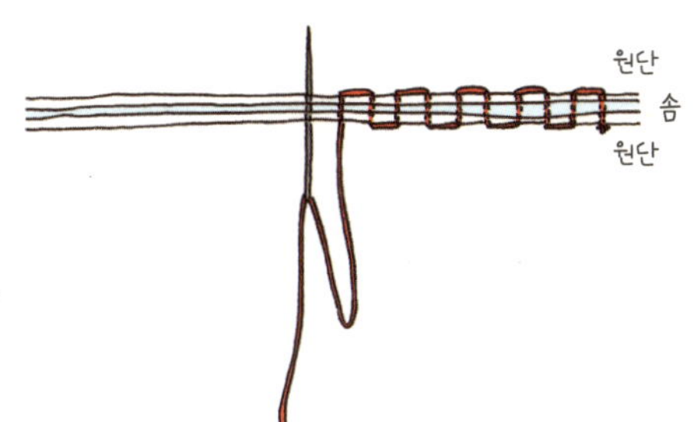

원단 아래에 솜을 넣고 그림과 같이 함께
홈질해주는 것이 퀼팅입니다.

공그르기하며 퀼팅하기

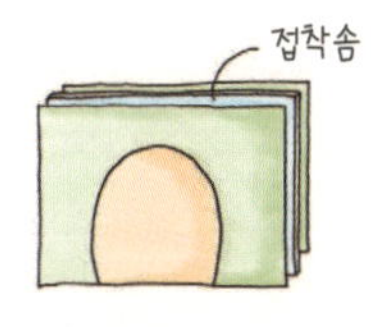

뒷면에 솜이 있을 때 공그르기와 퀼팅을 동시에
하면 올록볼록 볼륨감이 생깁니다.

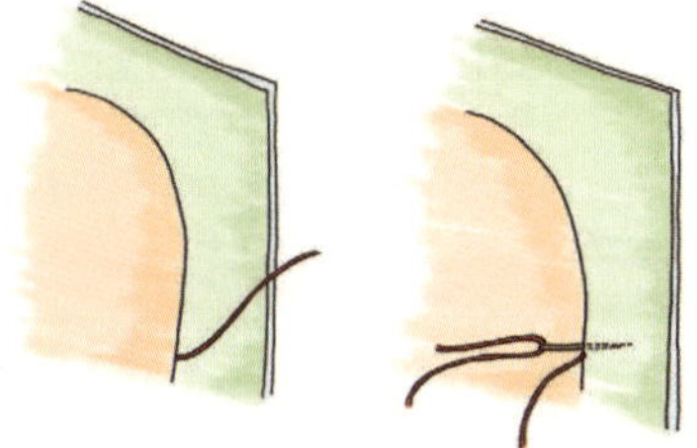

가위집 넣기

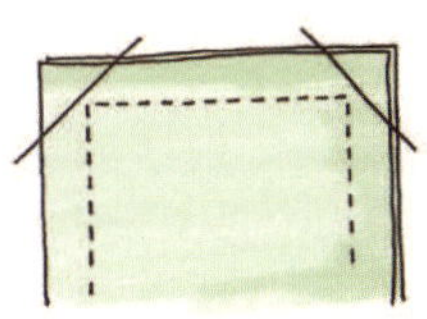
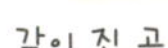
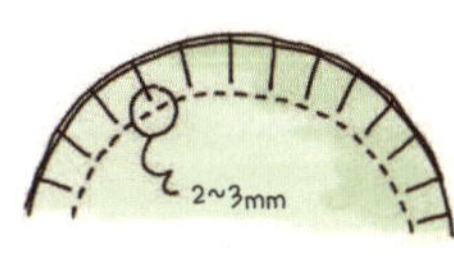

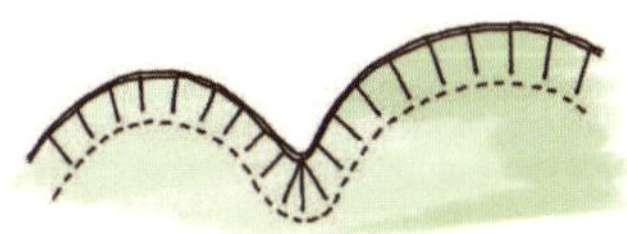

각이 진 곳   둥근 곳   굴곡이 심한 곳

바느질을 하고 뒤집어주기 전에 시접이 편하게 잘 넘어갈 수 있도록 가위집을 줘야 합니다. 세심하게
가위집을 넣어줘야 완성품에 주름이 가거나 뭉치지 않고 반듯한 결과물을 얻을 수 있습니다.
각이 진 곳: 모서리만 잘라줍니다.
둥근 곳: 둥근 곳은 무조건 가위집을 줍니다.
굴곡이 심한 곳: 굴곡이 심한 곳은 완만한 곳보다 좀 더 세심하고 꼼꼼하게 가위집을 줍니다.

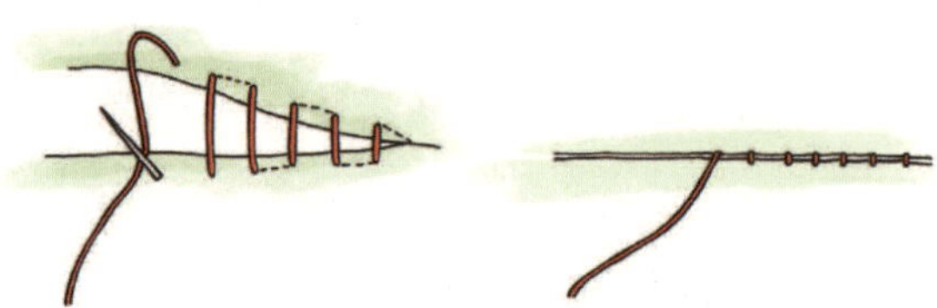

뒤집거나, 뒤집어서 솜을 넣기 위해 남겨둔 구멍을
바느질땀이 보이지 않게 감쪽같이 바느질해줍니다.

접착제가 발라져 있는 곳이 원단에 붙여지는 방향입니다. 반드시 스팀다리미로 다려줍니다. 뜨거운 스
팀으로 접착제가 녹으면서 원단에 붙게 됩니다. 다리미를 밀지 말고, 그림처럼 꾹꾹 누른다는 느낌으
로 붙여줍니다. 보통 다림질하는 것처럼 밀어주면 접착솜이 늘어날 수가 있기 때문입니다. 심지도 같
은 방법으로 붙여주면 됩니다.

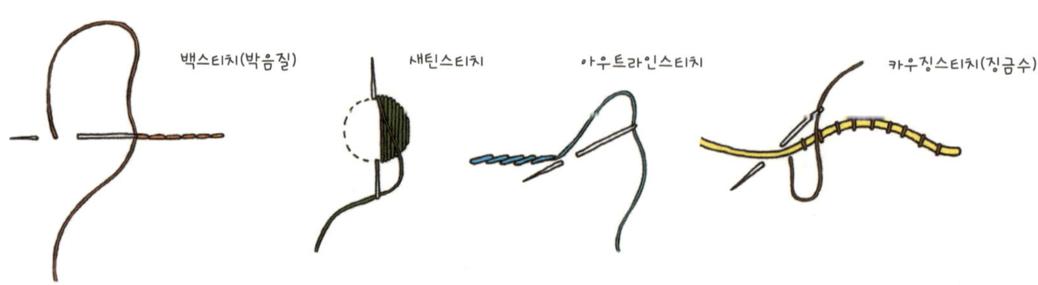

① 원단을 미지근한 물에 1~2시간 담궈줍니다.
② 액체세제로 주물주물 세탁을 해준 후, 깨끗하게 헹궈
  짜지 말고 그대로 널어줍니다.
  ※ 큰 사이즈의 원단인 경우 세탁망에 넣어서 세탁기의
  가장 약한 코스로 돌려주어도 좋습니다.
③ 70~80% 마르면 다리미로 다려줍니다.

선세탁을 해야 하는 이유

① 원단결이 정돈됩니다.
  원단이 생산되고 유통되는 과정에서 뒤틀리거나 주름이 지거나 늘어나 있을 수 있습니다.
  그럴 경우 완성품의 질이 떨어질 수 있답니다.
② 물빠짐을 알 수 있습니다.
  가끔 물빠짐이 심한 원단을 만나게 되는데요, 애써 만든 작품이 얼룩지면 너무 속상하겠죠.
③ 유통 과정 중의 더러움을 제거할 수 있습니다.
  원단은 제작 과정에 기름 성분이 남아 있을 수 있고, 유통 과정 중에서도 이러저러한 더러
  움이 묻어 있습니다. 깨끗이 세탁해서 비누냄새 폴폴 나는 원단으로 작품을 만들면 기분도
  좋아져요.
④ 수축방지를 할 수 있습니다.
  천연 원단들, 특히 린넨은 수축률이 10% 정도로 아주 크기 때문에 선세탁을 하지 않고 그
  냥 작품을 만들면 나중에 낭패를 볼 수 있습니다. 린넨 원단을 사용할 때에는 선세탁은 필
  수입니다.

아침에 눈을 떠 창문을 활짝 열면 상쾌한 아침 공기
아침 햇살에 반짝이는 금붕어 모빌이 빙글~~
오늘은 좋은 일만 생길 것 같아.

×××××××××××

포근포근 따뜻한 예쁜이

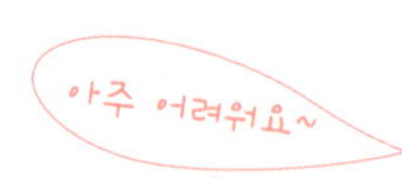

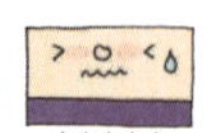

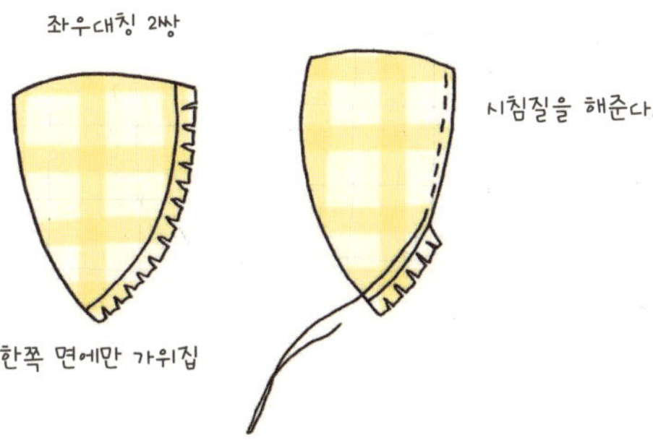

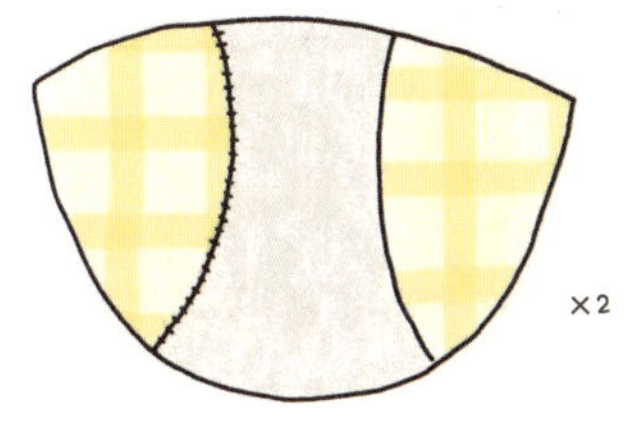

1 토끼 눈의 얼룩무늬가 되는 체크 원단을 좌우대칭으로
패턴대로 그려준 후, 곡선 부분을 완성선대로 안으로
접어가며 시침질해서 준비해둔다.

2 ①을 그림과 같이 공그르기해준다.

3 눈두덩이가 될 부분을
좌우대칭으로 패턴대로
그려주고 완성선대로 안
으로 접어가며 시침질해
준비해둔다.

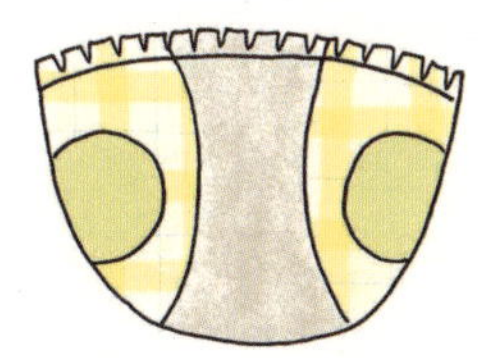

4 ③을 그림과 같이 공그르기해준
후, 윗면을 완성선대로 꺾어 시침질
해준다.

5 레이스를 그림과 같이 시침질로
고정해준 후에, 시접을 올려 공
그르기로 고정해준다.

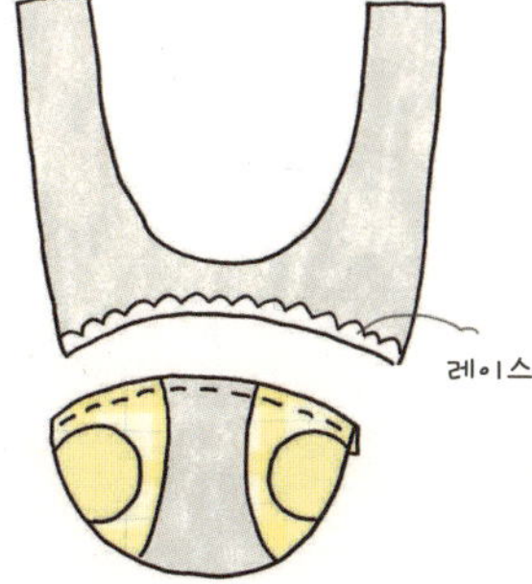

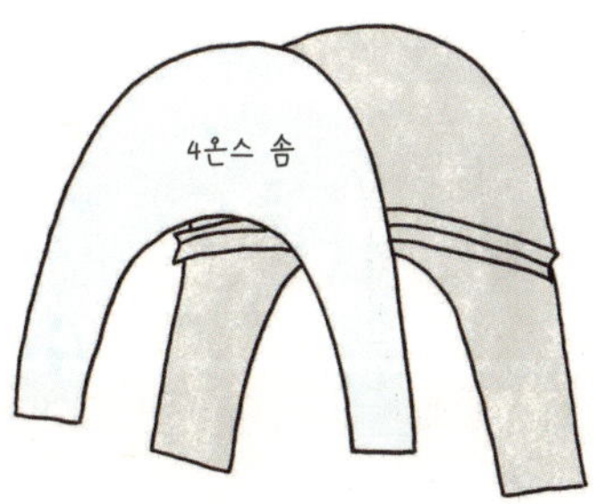

6 ⑤를 뒤집어 시접 없이 패턴대로 그려 오린
접착솜(4온스)을 스팀다리미로 눌러 붙여준다.

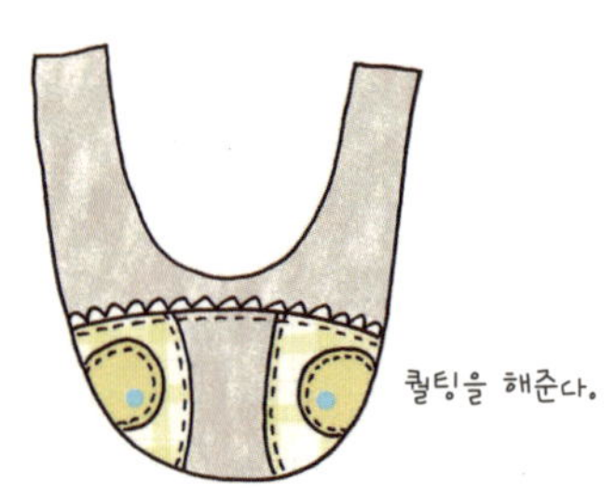

7 접착솜을 붙인 ⑥을 그림처럼
퀼팅해주고, 눈을 달아준다.

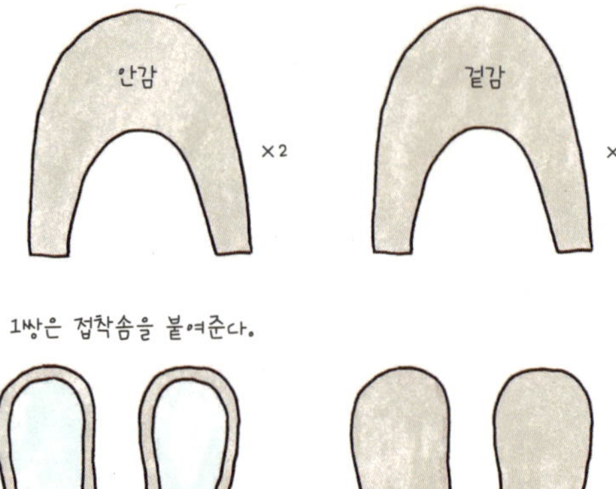

8 ①~⑦번까지 완성한 롬 슈즈 겉감
2장 외에, 안감 2장, 바닥면 좌우대칭
으로 2장씩 재단한다. 바닥면 한쪽에
는 그림과 같이 접착솜을 스팀다리미
로 붙여준다.

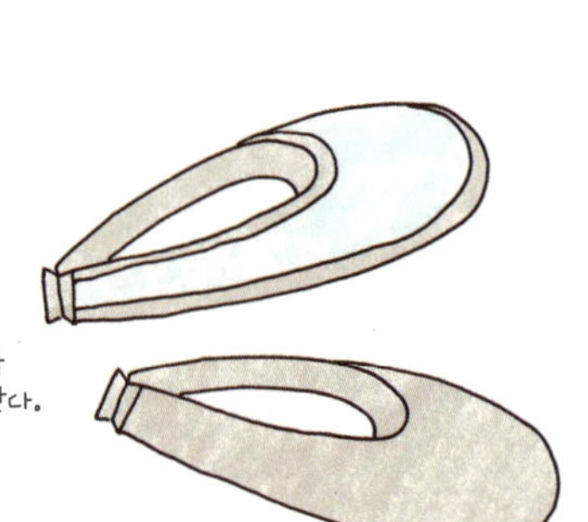

9 롬 슈즈 발등 부분의
겉감과 안감의 뒤꿈치
부분을 그림과 같이 바
느질해준다.

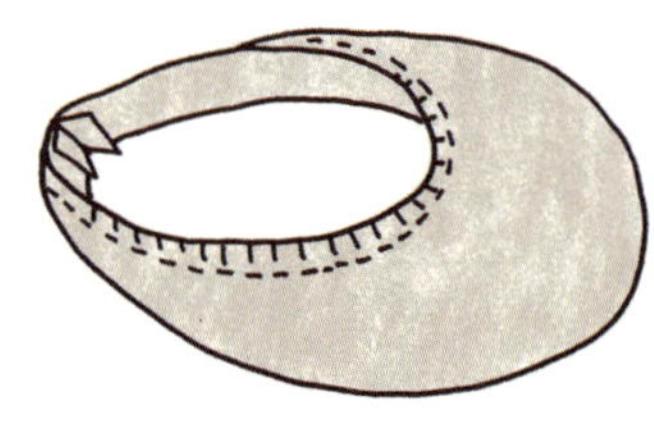

10 ⑨를 겉감끼리 마주보
도록 포개어놓고 (앞
과 뒤 중심선을 잘 맞
추어서) 윗면을 바느
질한 후 뒤집어준다.

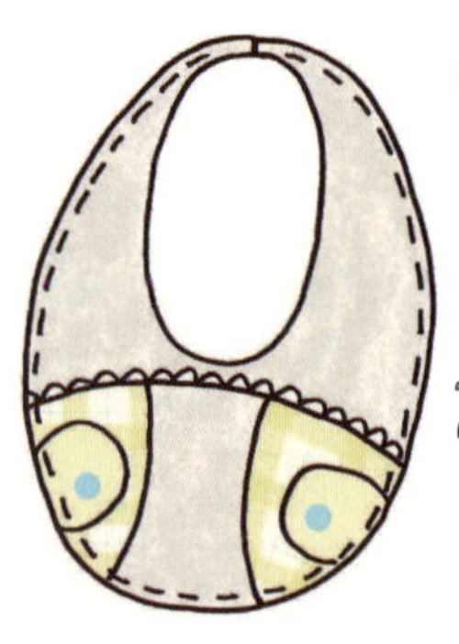

11 ⑩을 그림과 같이 아래
쪽을 시침질해서 겉감
과 안감을 고정해준다.

아랫면의 겉감과 안감을 함께
시침질로 고정해준다.

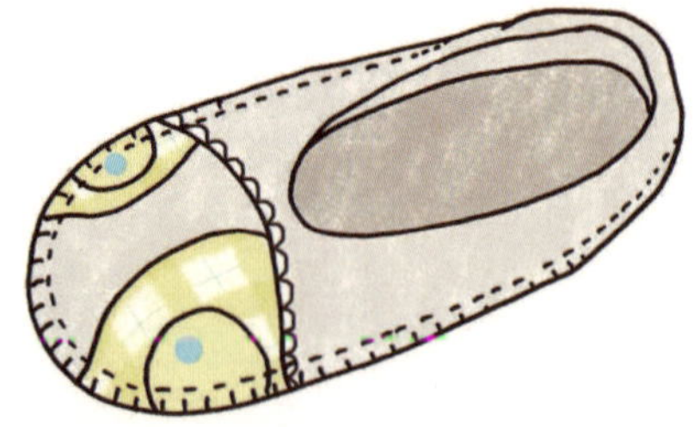

12 ⑦의 재단해서 접착솜을 붙여준 발바닥 패턴의 솜이
아래쪽으로 가도록 해서 그림과 같이 패턴대로 (앞과
뒤 중심선을 잘 맞추어서) 바느질해준다.

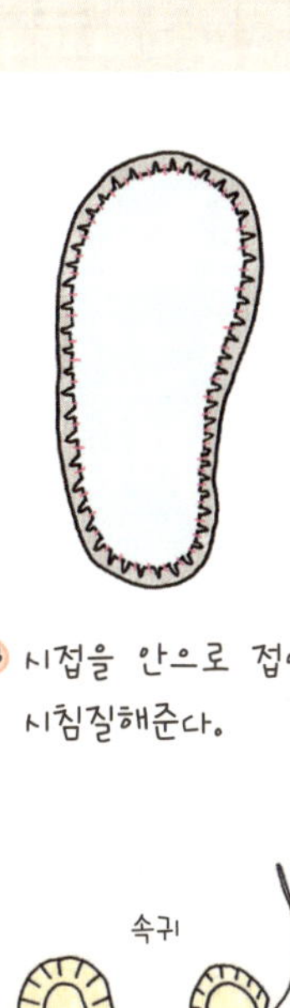

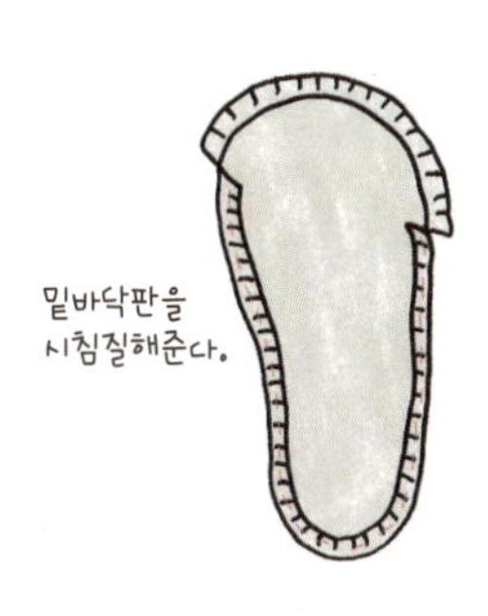

밑바닥판을
시침질해준다.

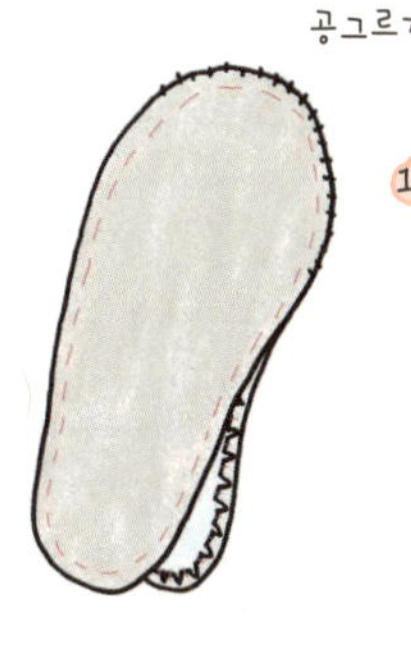

공그르기

⑬ 시접을 안으로 접어
시침질해준다.

⑭ 바닥면의 시접을 안쪽으로 접어가며
시침질해준 뒤, ⑫의 바닥에 올려
공그르기로 예쁘게 바느질해준다(앞
중심선과 뒷중심선을 잘 맞추어서!!).

속귀

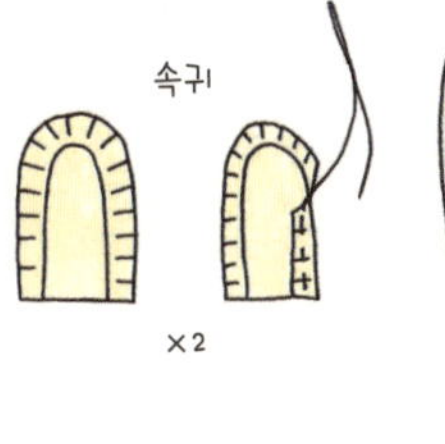

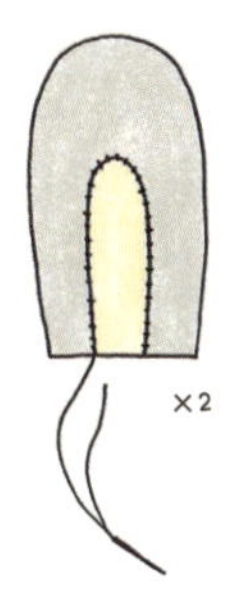

×2

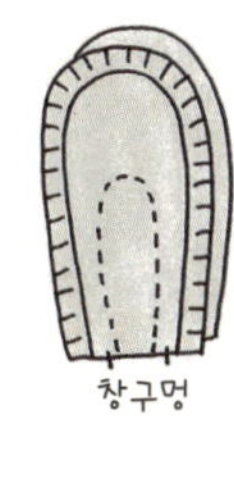

×2

창구멍

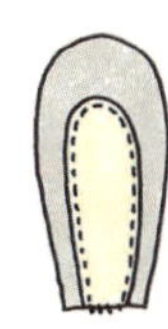

⑮ 노란색 천으로 토끼의 속귀를 완성선대로 시침질해서
겉귀 앞면 위에 공그르기로 붙여준다. 그리고 겉귀의
겉면끼리 마주대고 창구멍을 남기고 바느질한 후 뒤집
어 완성해준다.

⑯ 코 패턴의 선대로 홈질을 한다. 솜을 적당
히 넣은 후 잡아당겨 둥글게 만들어준다.
X자로 코수를 놓아준다.

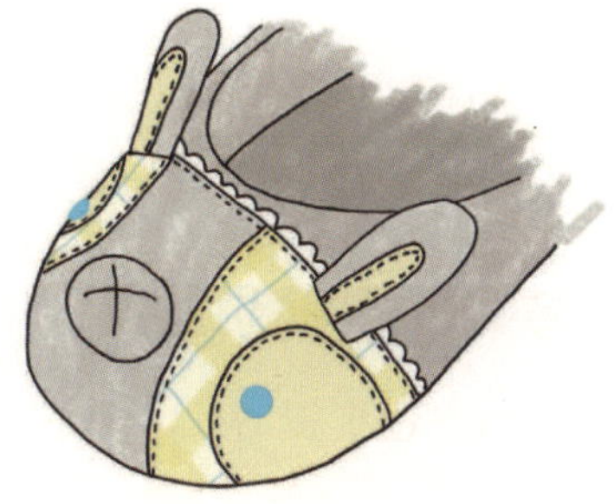

⑰ ⑮의 귀와 ⑯의 코를 그
림과 같이 예쁘게 공그르
기로 바느질해주면 완성!

내 발은 늘 뽀송뽀송
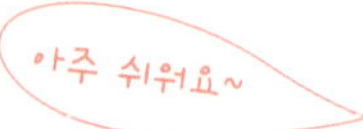 발 매트

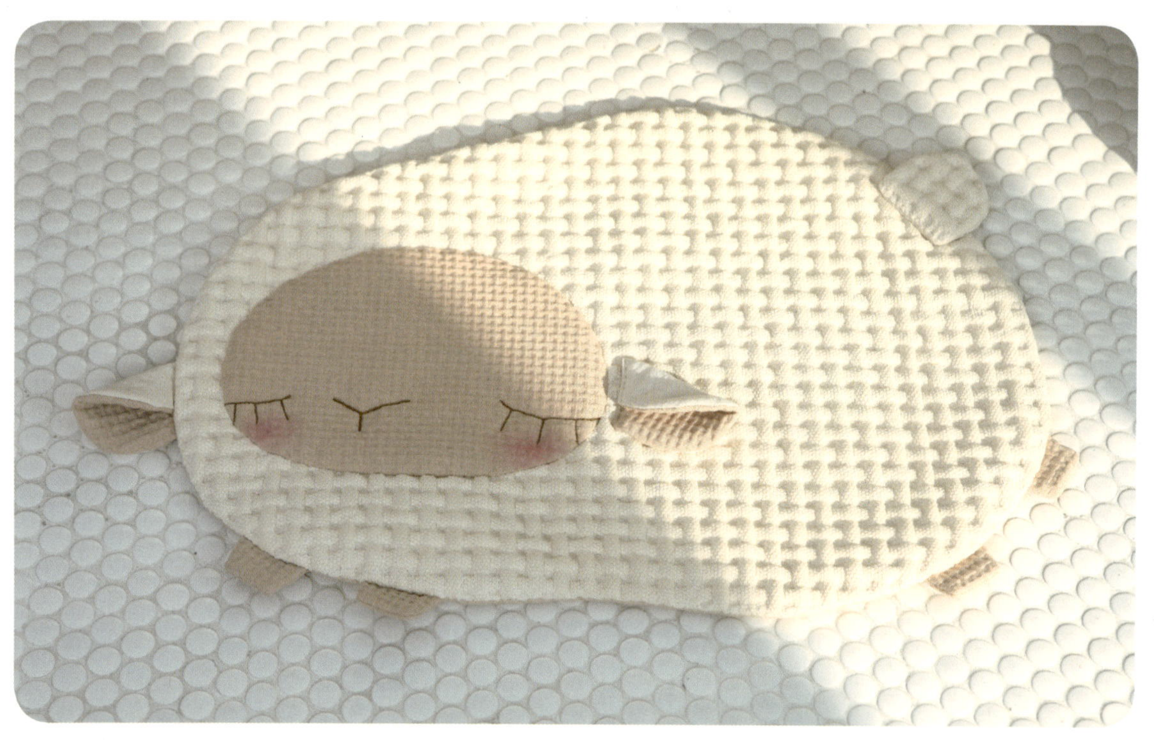

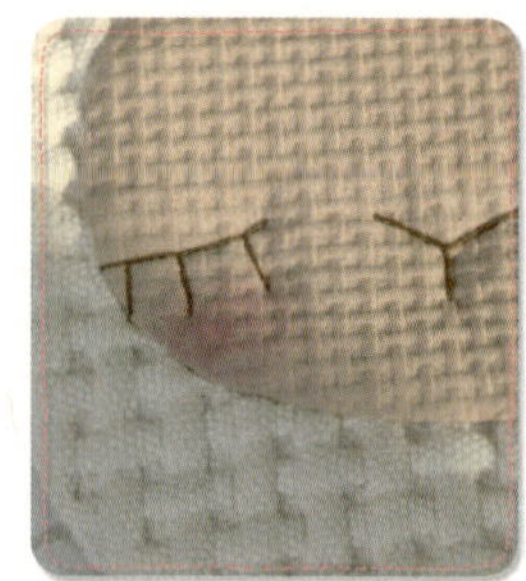

✂ 재료 준비 빅와플 원단 60×45cm, 미끄럼방지 원단 60×45cm, 4온스
접착솜 60×45cm, 베이지색 와플지 50×45cm, 광목 원단
45×20cm, 갈색 수실 약간

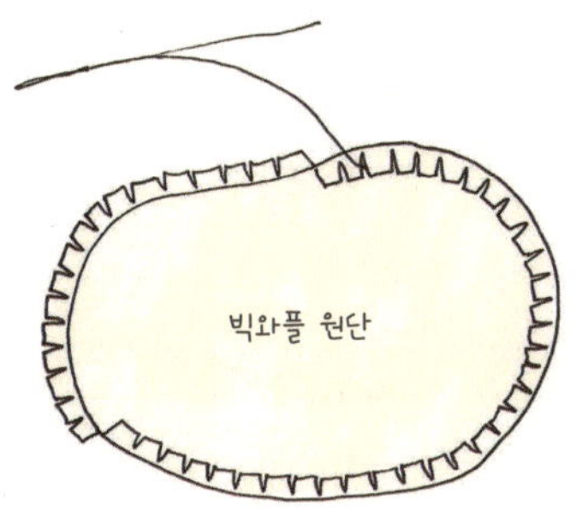

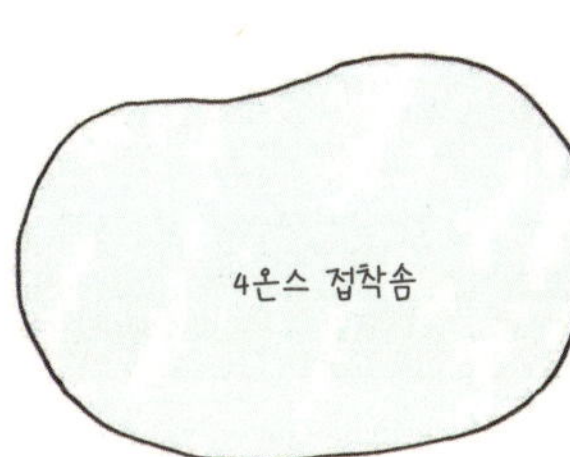

① 빅와플 원단을 패턴대로 그린 후 시접을 안으로 접어 시침질해준다.
4온스 접착솜을 역시 패턴대로 재단하여 빅와플 원단 뒷면에 스팀다
리미로 눌러 붙여준다.

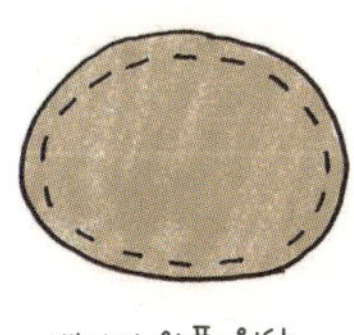

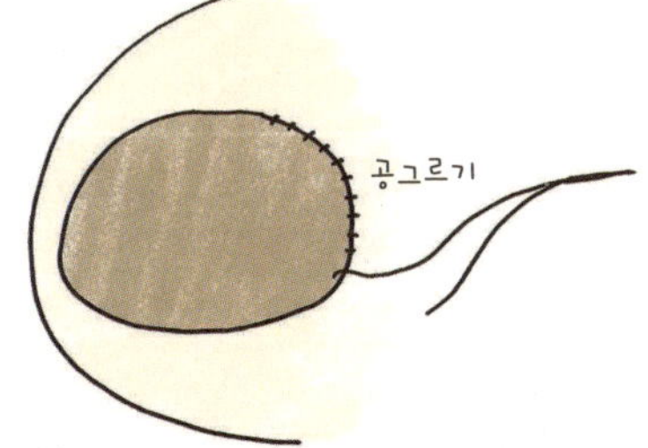

② 얼굴 패턴의 시접은 안으로 접어 시침질해서 ①에 공그르기로 바느질해준다.
수실로 눈과 코를 수놓아준다.

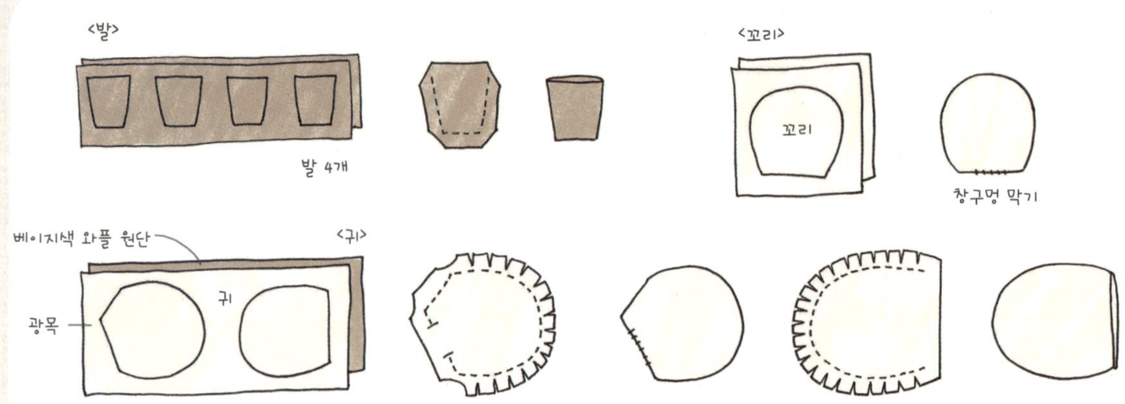

③ 베이지색 와플 원단으로 발을 그림과 같이 바느질해서 뒤집어 준비해놓고,
　광목과 베이지색 와플 원단을 겉면끼리 마주대고 귀를 바느질해서 뒤집어준다.
　꼬리도 같은 방법으로 만들어준다.

④ 미끄럼방지 원단을 패턴대로 재단해서 시접을 안으로 접어 시침질한 후,
　준비한 발과 귀를 끼워 넣은 후 공그르기로 바닥판과 빅와플 원단을 바느질해준다.
　꼬리와 나머지 귀를 바느질해주면 완성!

포근포근 따뜻한 예쁜이
룸슈즈
뽀송뽀송
발 매트

창문 가득 행운을 가져다주렴

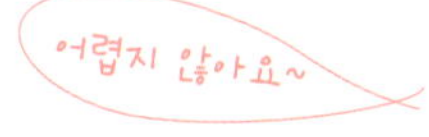

금붕어 모빌

어렵지 않아요~ ★★★

린넨 55X50cm, 광목 16X8cm, 솜, 18mm 눈단추 1쌍

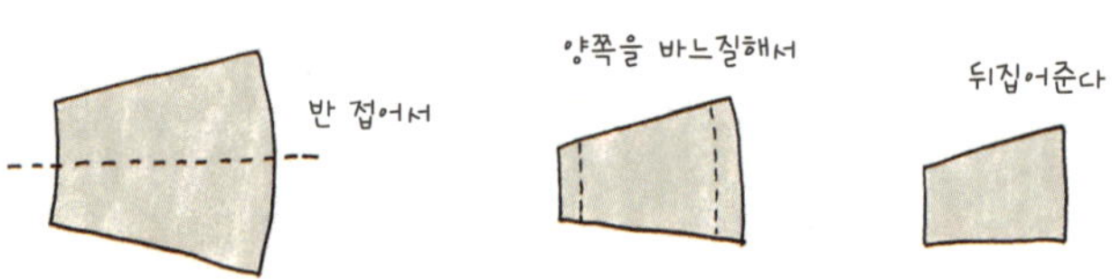

1 등지느러미 패턴을 그린 후 시접을 1cm 정도 남기고 잘라낸다.
그림과 같이 반으로 접어서 바느질하고 뒤집어 준비한다.

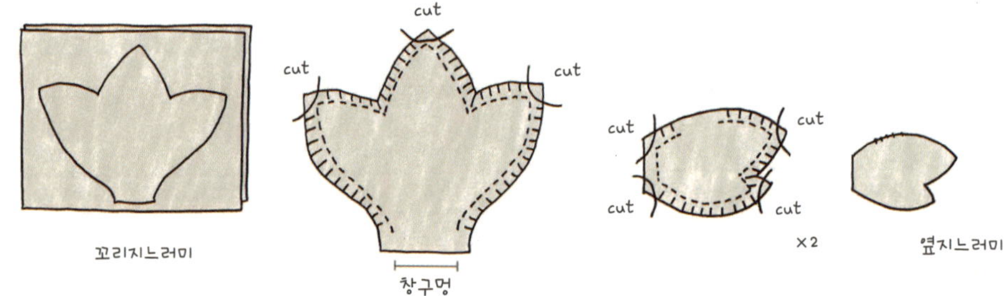

2 꼬리지느러미와 옆지느러미 한 쌍을 그림과 같이 창구멍을 남기고 바느질한다.
가위집을 준 후에 뒤집어 준비한다.

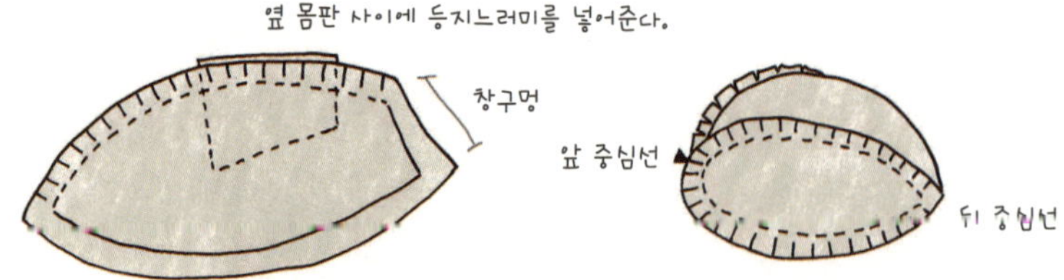

3 ①의 등지느러미를 그림과 같이 금붕어의 등쪽에 넣어서 바느질해주고,
아래쪽 배도 함께 바느질해준 뒤 통통하게 솜을 넣어준다.

4 눈은 시접을 남기고 재단한 후, 패턴 선대로 홈질을 해서 1cm 정도 구멍을 남기고 잡아 당겨준다. 구멍으로 꼼꼼하게 솜을 넣어주고, 윗면에 가위로 눈단추의 꼭지가 들어갈 정도의 구멍을 뚫어준 후 단추를 달아 준비한다.

5 ③의 몸통에 꼬리지느러미와 옆지느러미, 눈을 각각 공그르기로 바느질해주고, 눈물비즈를 달아 완성한다.

6 취향에 따라 비즈나 미러볼 등을 낚싯줄로 엮어주면 완성!

그림처럼 꿰어주면 고정이 된다.

책상에 앉아 책을 펼친다.

향기 솔솔 커피향이 가득해진 방 안에서 책읽기는 너무 행복해.

자, 오늘은 무슨 일부터 할까? 노트를 펼쳐 하나씩 써보자~

×××××××××××

예쁘게 수납도 정리도 척척

벽걸이 정리대

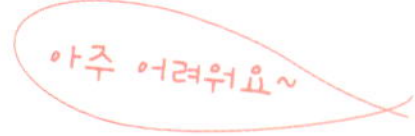

광목 1마(90X110cm), 노란색 원단 35X35cm, 초록색 원단 30X35cm,
검은색 원단 25X25cm, 진초록색 원단 약간, 갈색 원단 약간, 분홍색
원단 약간, 4온스솜 45X60cm, 심지 45X60cm, 플라스틱 가방바닥판
18X25cm(4장), 철사 32cm(4개), 모티브들, 1.5cm 캣츠아이 4쌍

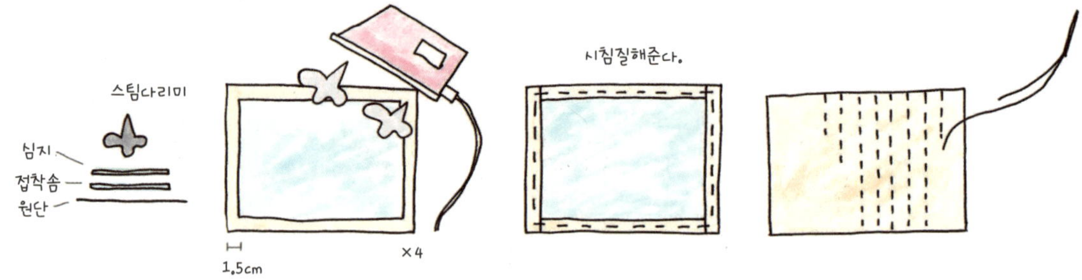

① 패턴대로 재단한 4온스 솜과 심지를 1.5cm 시접을 남긴 광목 뒷면에
솜-심지 순으로 올려 스팀다리미로 눌러 접착시킨 후, 시접을 그림과
같이 접어 시침질한다. 패턴대로 퀼팅해서 준비한다(4개).

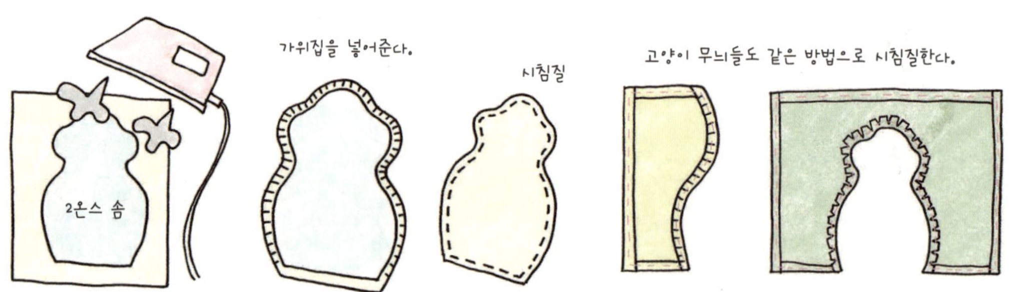

② 고양이 배가 될 부분을 패턴대로 재단한 후 2온스 솜을 원단에 스팀다리미로 눌러
붙여준다. 그런 후 가위집을 주고 안으로 시접을 접어 넣어가며 시침질해서 준비한
다. 고양이들의 얼룩 무늬가 될 부분도 시접을 안으로 꺾어 시침질해서 준비한다.

③ 시침질해서 준비해놓은 ②를 그림과 같이 배치하여 공그르기해준다. 컬러는 취향껏 다양하게 연출해도 좋다.

공그르기로 코를 붙여준다.

④ 시접을 남기고 재단한 코 패턴의 선대로 홈질한 후 잡아당겨준다. 솜을 통통하게 넣어주고, 분홍색 천으로 코를 공그르기한다.

⑤ 귀, 손, 발, 꼬리를 각각 그림과 같이 패턴을 그린다. 그리고 창구멍을 남겨 바느질한 후 가위집을 넣어 뒤집는다. 솜을 넣은 후 창구멍을 막아 준비한다.

⑥ 귀, 손을 그림과 같이 배치한 후 공그리기로
바느질한다. 눈도 바느질해 달아준다.

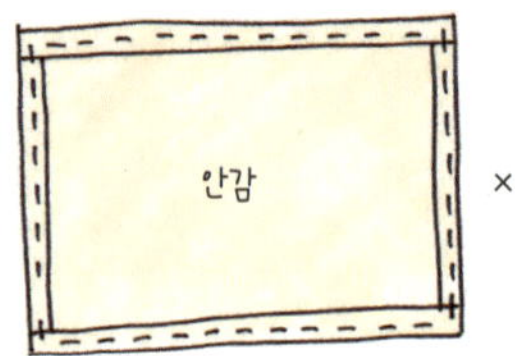

⑦ 안감이 될 원단을 재단한 후, 시접을 안으로 넣어서 시침질해준 후
⑥의 뒷면에 놓고 사방을 공그리기로 바느질해준다. 위와 아래쪽을
7mm 간격으로 퀼팅해주고, 위쪽에는 철사를 끼워준다.

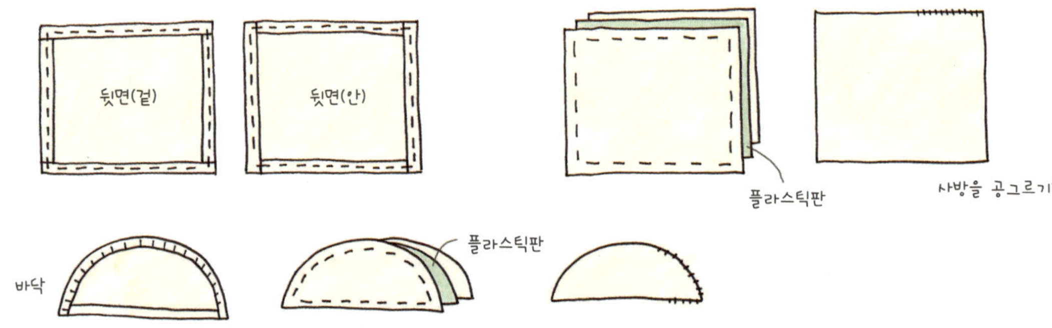

⑧ 뒷면이 될 패딘을 겉감과 안감 똑같이 시접을 안으로 접어 넣어 시
침질해준 후, 패턴보다 1cm 정도 작게 자른 플라스틱판(가방바닥판)
을 사이에 넣고 사방을 공그리기해준다. 바닥면도 같은 방식으로 만
들어 준비한다.

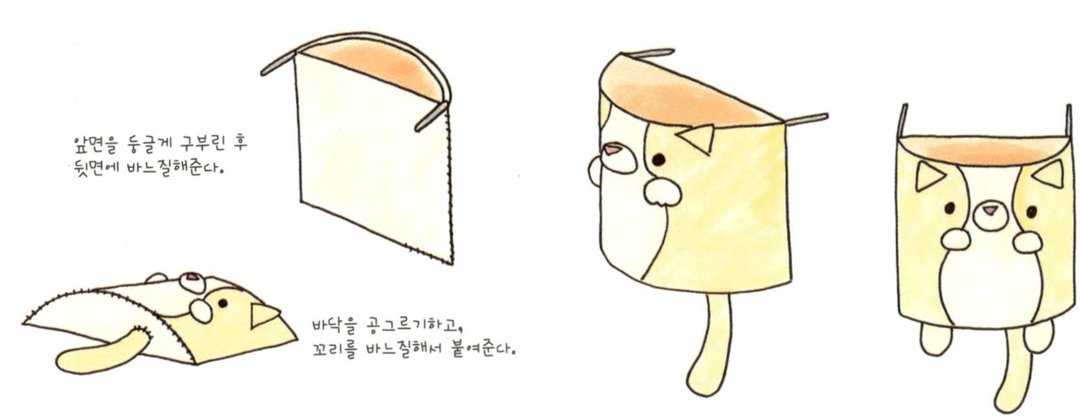

⑨ 뒷면과 바닥 순서대로 공그르기해주고,
그림과 같이 꼬리와 발을 붙여준다.

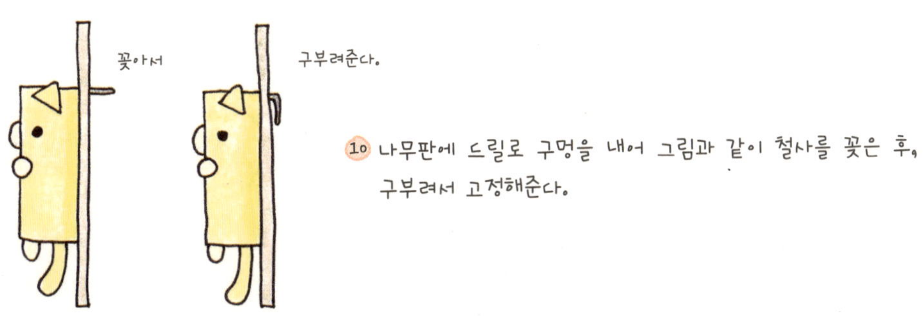

⑩ 나무판에 드릴로 구멍을 내어 그림과 같이 철사를 꽂은 후,
구부려서 고정해준다.

⑪ 완성한 고양이 수납함을 적당한 간격으로 배열하면 완성!
네임태그와 걸이부속도 피스로 고정해서 달아준다.

 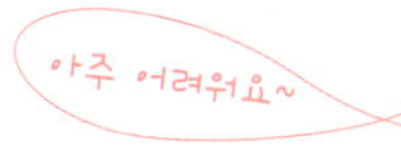 

만년 동안 써야지
다•이•어리홀더

아주 어려워요~

★★★★★

재료 준비 민트색 원단 52×20cm, 안감(꽃무늬) 52×20cm, 초록색 원단(잔디용) 27×17cm,
초록색 원단(포켓용) 45×28cm, 노란색 체크 원단 20×10cm, 린넨, 노란색 천 약
간씩, 플라스틱 가방바닥판 33×16cm, 접착심지 1/2마, 2온스 접착솜 50×30cm,
카메라장식, 분홍, 갈색 수실 약간씩, 거울, 자석단추 3쌍(작은 것), 접착제

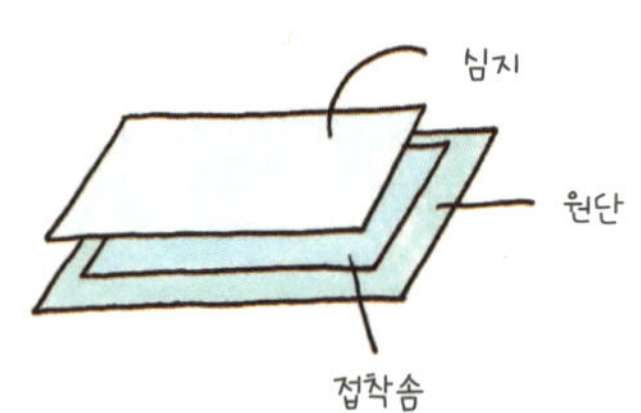

① 민트색 원단 위에 패턴대로 자른 접착솜과 심지를
스팀다리미로 눌러 붙여준다(원단-솜-심지 순).

② ①은 시접을 안쪽으로 접어 시침질을 한다. 초록색 원단으로 잔디 패턴
을 그린 후 그림과 같이 시접을 안으로 접어 시침질을 한다. 그림과 같이
아래쪽에 공그르기로 바느질해준다.

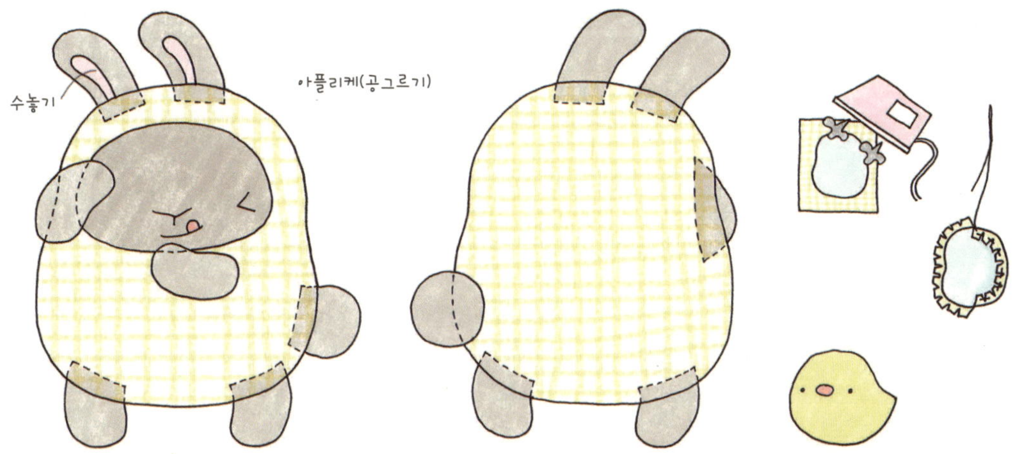

③ 토끼의 몸체 부분은 2온스 솜을 스팀다리미로 붙여준 후 시접을 접어 시침질해준 후
바느질해준다. 속귀와 눈, 코, 입을 수놓아준다.

④ ②에 그림과 같이 토끼의 앞과 뒤, 병아리를 각각 그림과 같이 아플리케(공그르기)
해준다. 병아리가 있는 면에는 그림과 같은 간격으로 작은 자석단추를 달아준다(凹).

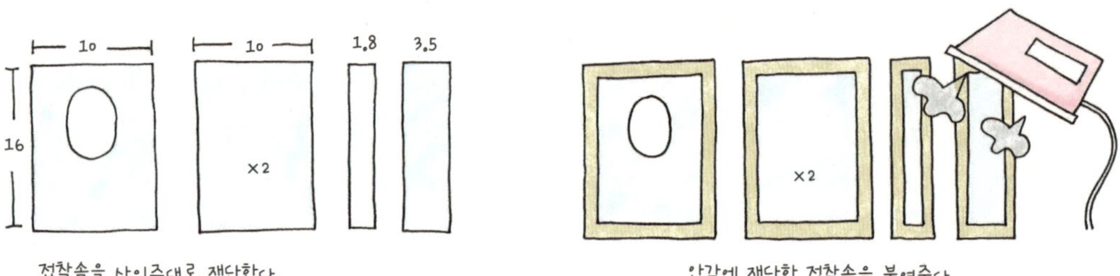

5 그림과 같은 사이즈대로 2온스 접착솜과 심지를 안감 위에 놓고
스팀다리미로 눌러 붙인다(① 번과 같음).

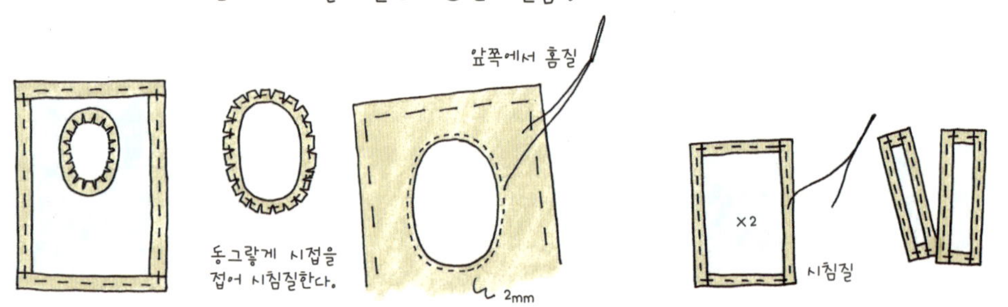

6 시접을 안으로 접어서 시침질을 한다. 거울이 들어갈 구멍은 그림과 같이
시침질하고, 겉면에서 2mm 간격을 두고 퀼팅해서 준비한다.

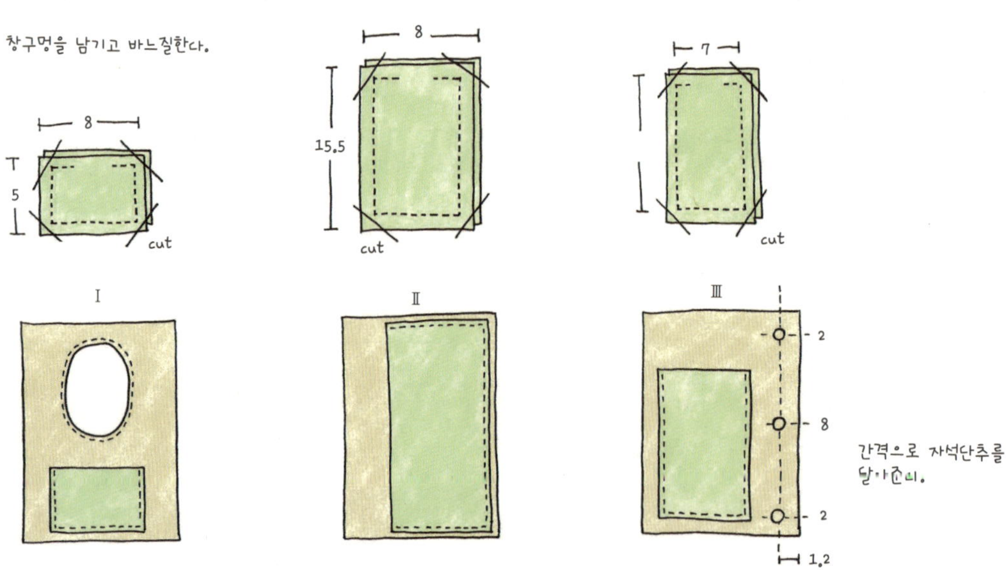

7 그림과 같이 포켓이 될 부분을 바느질해서 뒤집어주고, 각각의 안감
위에 얹어 바느질해준다. Ⅲ면에는 자석단추를 달아준다(凸).

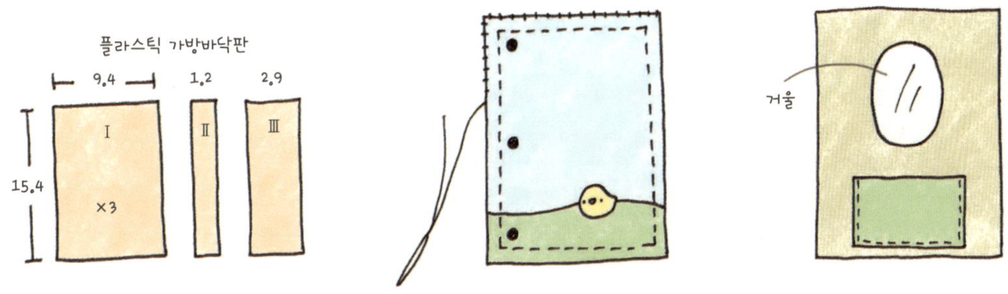

8 ①을 겉과 안을 짝지어 사방을 공그르기로 연결해주는데, 사이에 그림과 같은
사이즈로 재단한 플라스틱 가방바닥판(Ⅰ, Ⅱ, Ⅲ)을 넣어서 바느질해준다. 거울
이 있는 면에는 안쪽에 접착제로 거울을 고정해준다.

9 ①을 그림과 같이 공그르기로 연결해주면 완성(바깥쪽만 바느질한다).

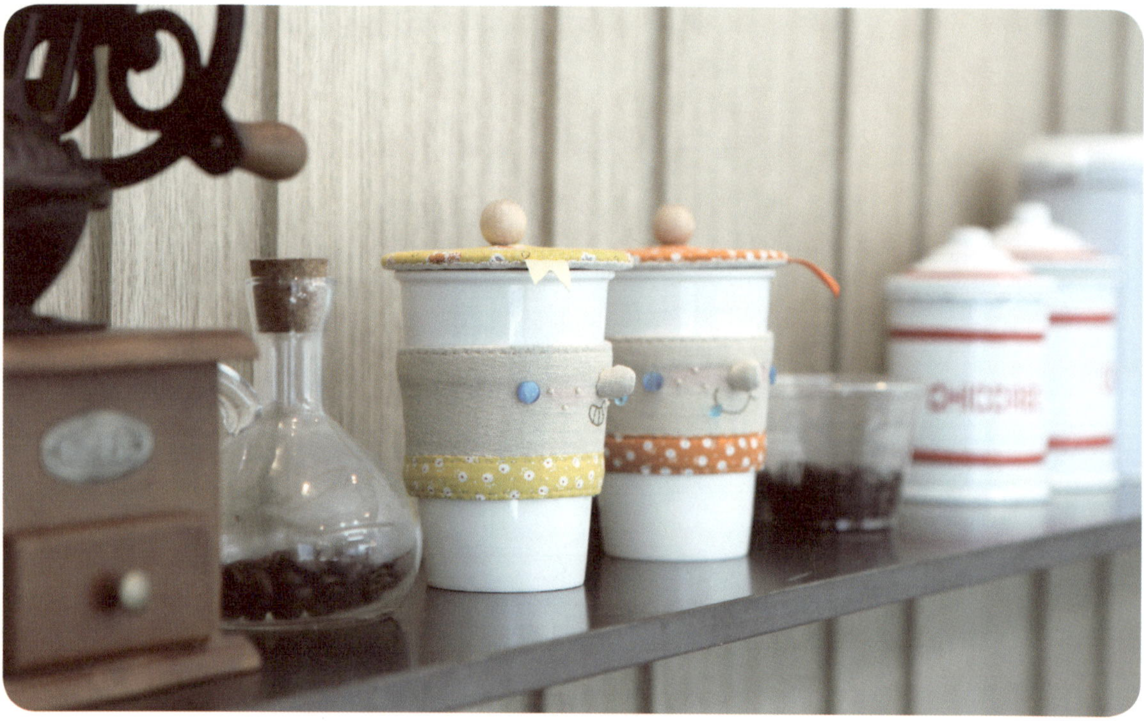

Cupholders + Caps

센스도 기능도 다 챙겼다

컵홀더+뚜껑

어렵지 않아요~

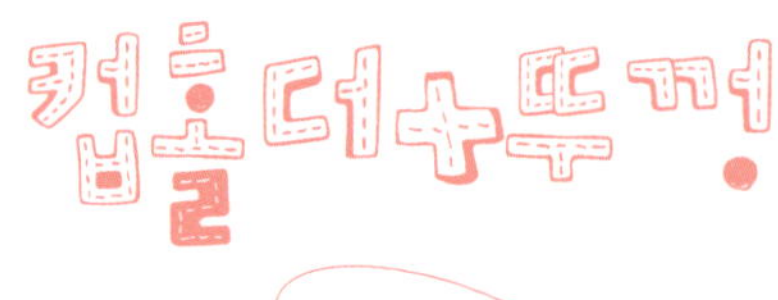

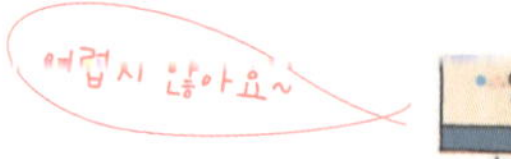

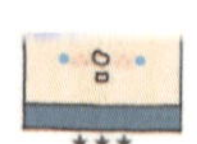

재료 준비 베이지색 원단 30×10cm, 광목 45×15cm, 4온스 접착솜 45×15cm, 무늬 천 30×17cm, 플라스틱 가방바닥판 12×12cm, 2cm 나무볼(가구 손잡이), 8mm 캣츠아이 1쌍, 유리 물방울 비즈 1개, 진주색 시드비즈 6개, 갈색 수실 약간, 접착제

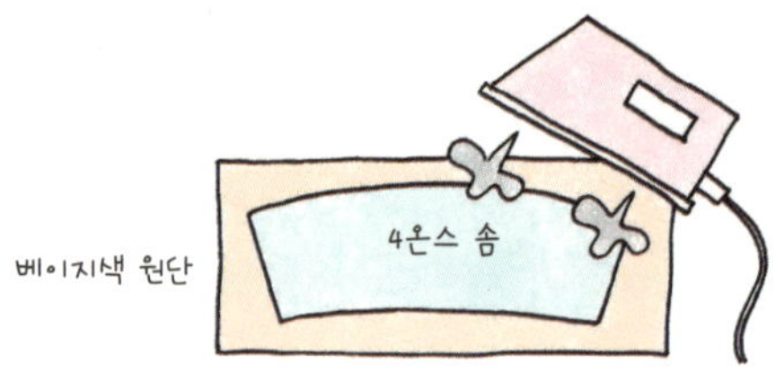

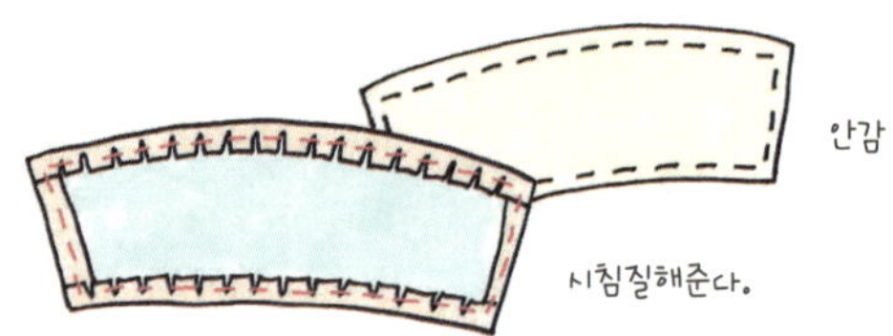

① 패턴대로 재단한 4온스 접착솜을 베이지색 원단 뒷면에 스팀 다리미로 눌러 붙여주고, 시접을 안쪽으로 접어서 시침질한다.

② 안감이 되는 광목은 접착솜 없이 시접을 안쪽으로 접어 시침질해서 준비한다.

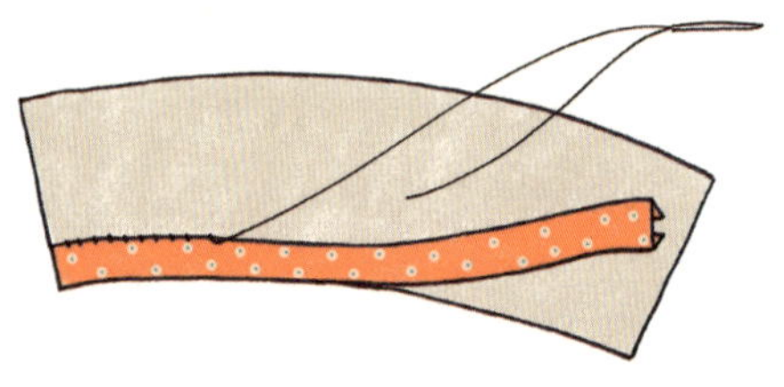

③ ①의 베이지색 천에 시접을 접어 넣은 무늬 천을 아래쪽에 공그르기로 바느질해준다.

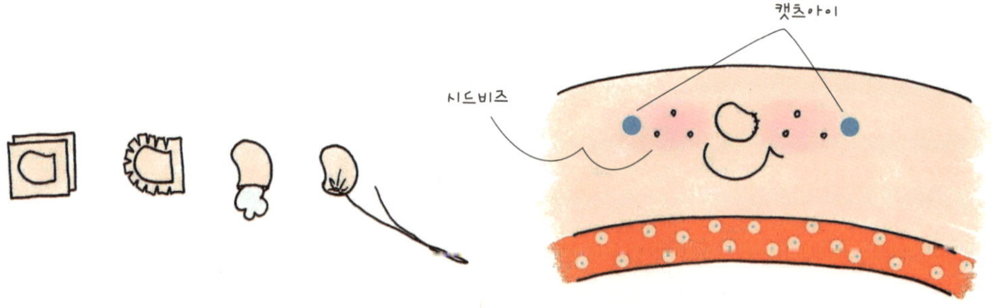

④ 패턴대로 코를 그려 바느질한다. 시접 부분에 가위집을 넣어 뒤집은 후 솜을 넣어 코를 완성한다. 완성된 코는 ③에 공그르기로 바느질해서 고정해준 후 진주색 시드비즈로 주근깨를 달아준다. 눈은 캣츠아이를 이용해 단단하게 달아준다. 입은 갈색 수실로 수놓아준다.

⑤ ④를 안감과 함께 사방을 공그르기로 바느질해준다.

⑥ 그림과 같이 겉감과 안감을 함께 퀼팅해준다.

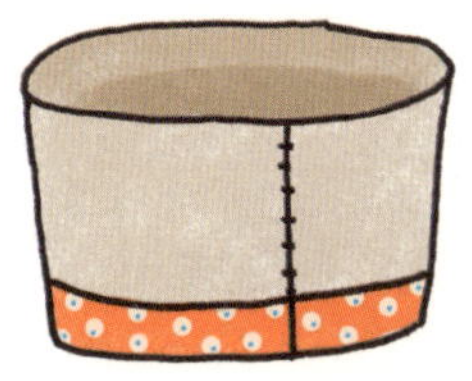 

⑦ ⑥을 그림과 같이 공그르기로 연결해준다.

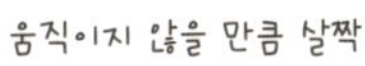

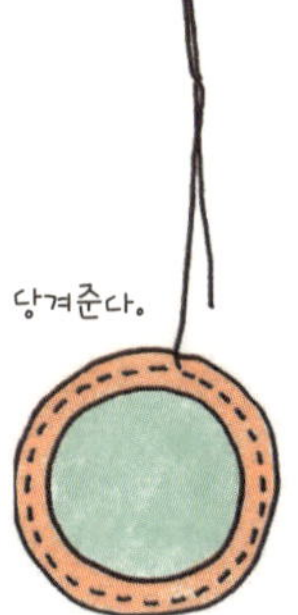

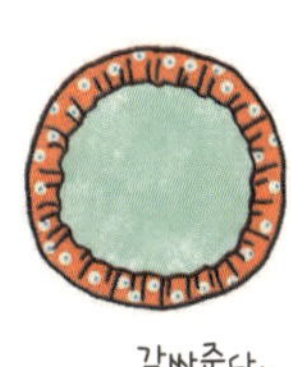

⑧ 컵뚜껑 패턴대로 4온스솜을 재단한 후, 무늬 천 뒷면에 스팀다리미로 눌러 접착한다. 플라스틱 가방바닥판 역시 컵뚜껑 패턴대로 잘라 접착시킨 솜 뒷면에 접착체로 붙여준다. 시접을 둥글게 홈질한 후 잡아당겨 그림처럼 준비한다.

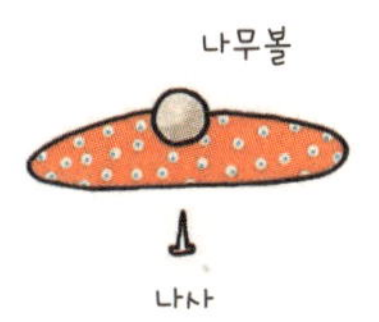

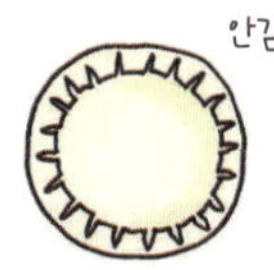

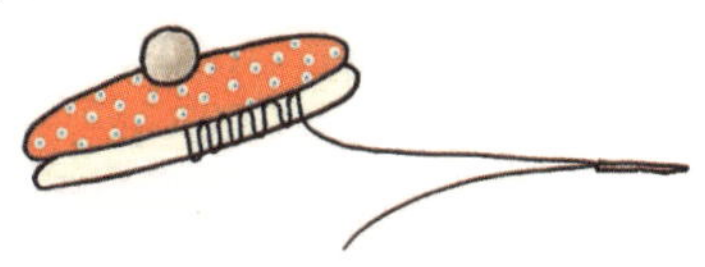

⑨ ⑧에 나무볼을 달아주고, 광목으로 밑판을 패턴대로 잘라 시접을 접어 시침질한 후, 공그르기로 바느질해서 완성한다.

벌써 시간이 이렇게 되었네.

오늘은 브런치를 준비해볼까.

앞치마부터 두르고 시작해볼까!

테이블 위의 귀염둥이

냅킨링!

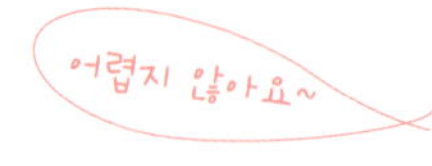

재료 준비   화이트 원단 25×6cm, 무늬 원단 20×10cm, 2온스 접착솜 15×5cm, 심지 15×5cm, 솜 약간, 4mm 캣츠아이 1쌍, 갈색 수실

① 화이트 원단 뒷면에 패턴대로 자른 접착솜과 심지를 원단-접착솜-심지 순서대로 올려놓고 스팀다리미로 눌러 붙여준다.

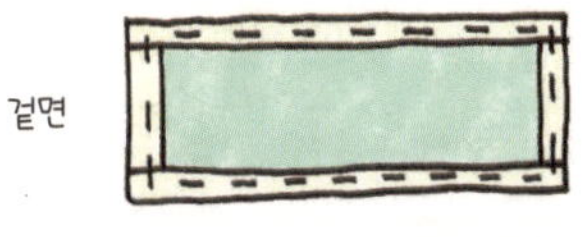

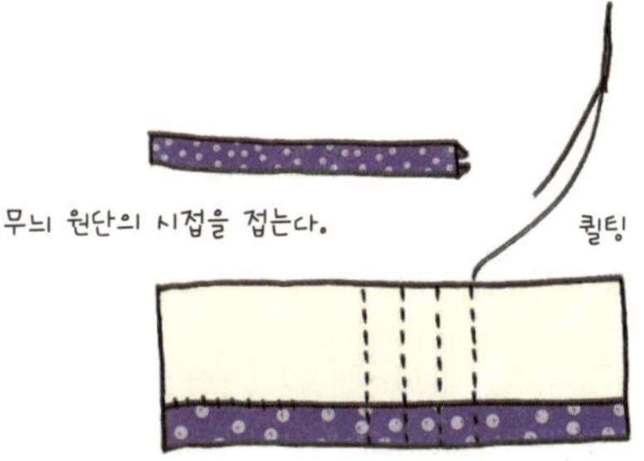

② ①의 시접을 안으로 접어 넣어서 시침질하고, 안감도 같은 방법으로 시접을 시침질해준다. 앞면의 장식 띠의 시접을 접어 공그르기로 바느질한 후 퀼팅한다.

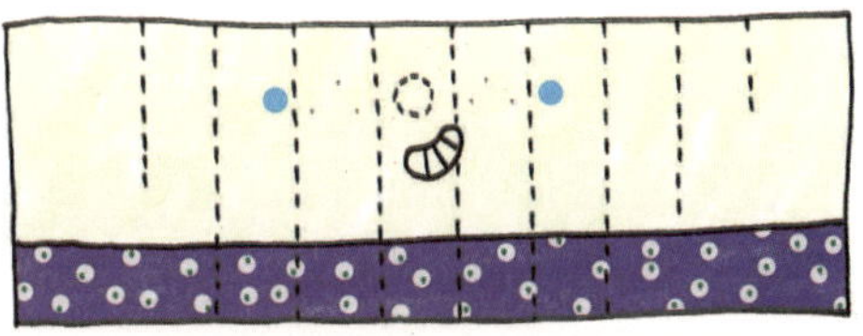

③ 코를 바느질해서 솜을 통통하게 넣어 공그르기로 달아주고, 주근깨와 입은 수놓아주고, 눈은 단단하게 바느질해준다.

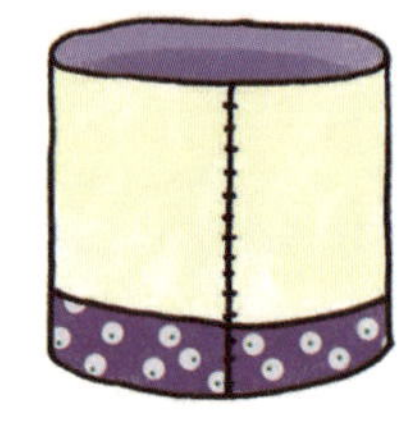

④ ③과 안감을 공그르기로 바느질해주고, 위와 아래를 퀼팅한다(2mm 간격을 두고).
　　둥글게 말아 공그르기로 연결해준다.

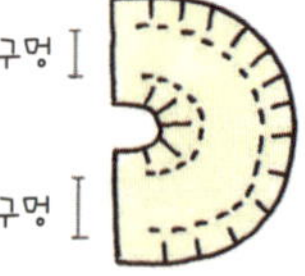

손잡이를 만들어준다.

솜을 통통하게

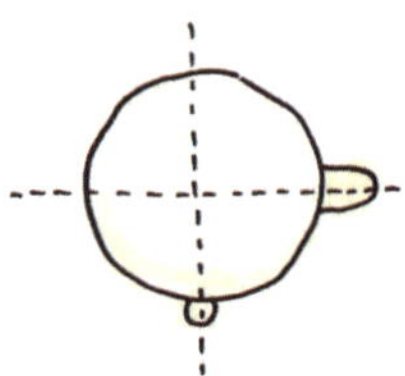

⑤ 컵 손잡이를 패턴대로 그려 바느질해서
　　가위집을 주고 뒤집어준다. 솜을 통통하
　　게 넣어준다.

⑥ 컵의 중앙을 맞춘 후 옆면에
　　손잡이를 달아준다.

테이블 위의 귀염둥이
냅킨링

table mat
예뻐야 더 맛있지
테이블 매트
조금 어려워요~
유

재료 준비 린넨 48×28cm, 체크무늬 원단 48×10cm, 뒷지(체크무늬) 48×35cm, 광목 35×10cm, 베이지색 원단 35×6cm, 4온스 접착솜 45×32cm, 꽃무늬 원단 약간씩, 파란색/갈색 수실 약간, 화이트 원단 약간, 장식 날개

① 패턴대로 재단한 매트 앞면을 그림과 같이 바느질한다.

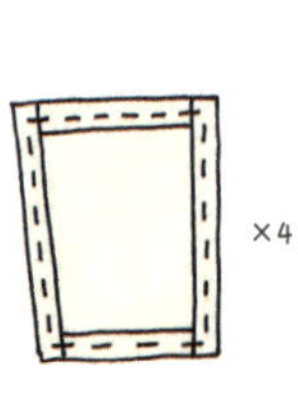

② 깁은 시접을 뒤로 섭어 시침실한 후, ①의 앞면에 자리를 잡아 공그르기(아플리케)로 바느질해준다.

③ 뒤집어 뒷면에 컵을 바느질한 부분에서 안쪽으로 시접 7mm 정도 남기고 오려낸다.

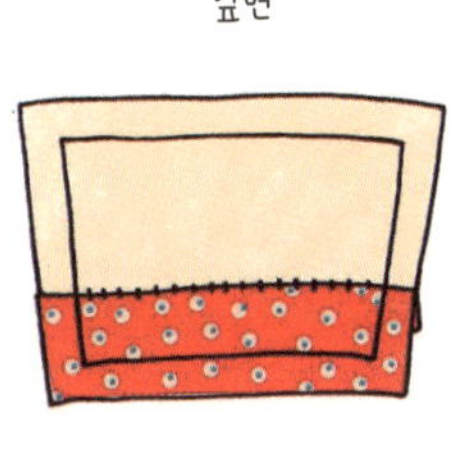

④ 컵 커버를 그림과 같이 바느질해서 ②의 위에
아플리케한다. 나머지 컵들도 동일한 방법으로
만들어준다.

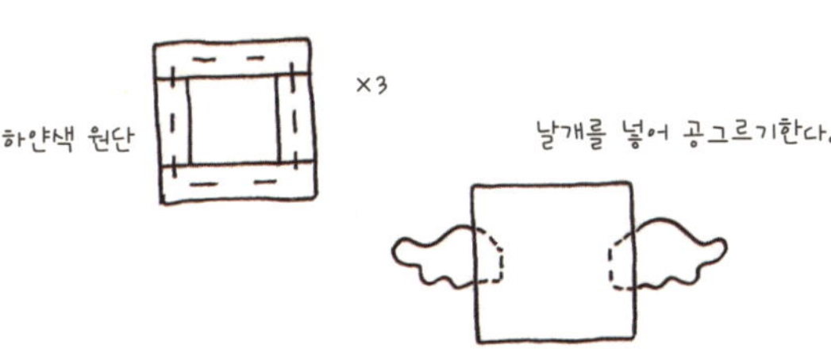

⑤ 각설탕도 같은 방법으로 시침질해서 아플리케한 후,
뒤집어서 4온스 접착솜을 스팀다리미로 눌러 붙여준다.

⑥ 수실로 눈, 코, 입 그리고 주근깨를 수놓아준다.

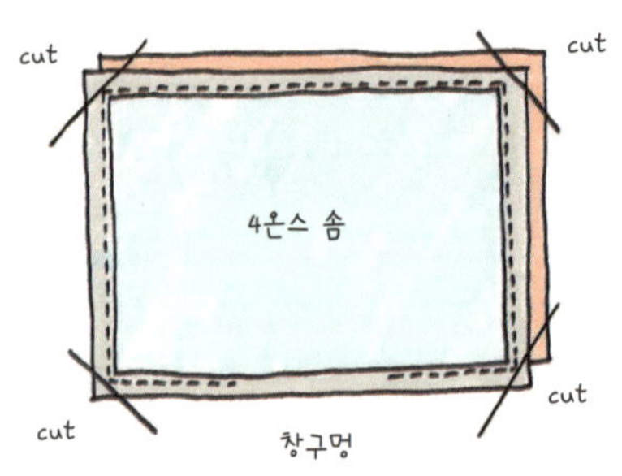

⑦ 완성된 앞판과 뒷지는 겉면을 마주대어 창구멍을 남기고 바느질해준 후
뒤집어 그림과 같이 퀼팅해주면 완성.

예뻐야 더 맛있지
테이블매트

kitchen towel rack
나도 인테리어 소품
주방 수건걸이
쉬운 편이에요~
BREAD
TEA
COLD WATER
CHOCOLATE CHUNK
PEPPERIDGE FARM
NANTUCKET

재료 준비 광목 50X40cm, 누빔린넨 50X22cm, 검은색 원단 30X30cm, 2온스 접착솜 40X21cm, 심지 40X21cm, 8mm 캣츠아이 1쌍, 아이보리색 수실 약간, 링고리, 끈 40cm

① 린넨 원단 위에 심지를 패턴대로 잘라서 스팀다리미로 눌러 붙인 후 시접을 안으로 접어 시침질을 해준다. 누빔린넨 천은 그대로 시침질해서 준비한다.

② 검은색 원단으로 발 4개를 만들어 바느질한 후 가위집을 주고 뒤집어 준비한다.

③ ①의 누빔 천과 심지를 붙인 린넨 천을 겹쳐 바느질한다. 다리는 몸체 사이에 넣어서 함께 바느질한다.

  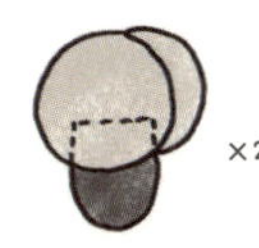  

④ 린넨 원단과 누빔 천으로 팔을 패턴 대로 자른 후 각각의 시접을 안으로 접어 시침질한다. 바느질해놓은 발을 넣어 함께 공그르기해준다.

⑤ 얼굴이 될 검은색 원단 뒷면에 2온스 접착솜을 스팀다리미로 눌러 붙인 후 시접을 안으로 접어 시침질해준다.

⑥ 앞 몸체에 ④, ⑤의 얼굴과 팔을 각각 자리를 잡아 공그르기로 바느질해준다. 눈을 달아주고, 코를 수놓아준다.

⑦ 완성된 앞 몸체를 뒤 몸체와 잘 맞춰서 공그르기로 연결 해주는데, 그림같이 머리 위를 1cm 정도 남겨준다.

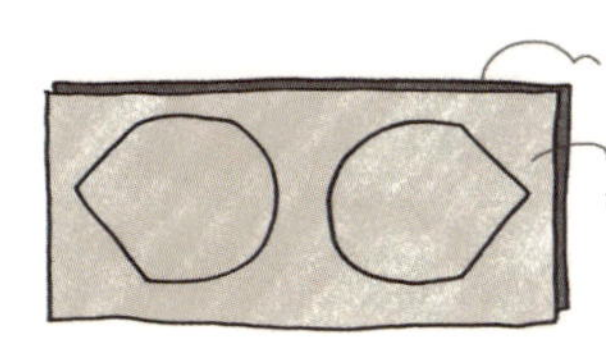 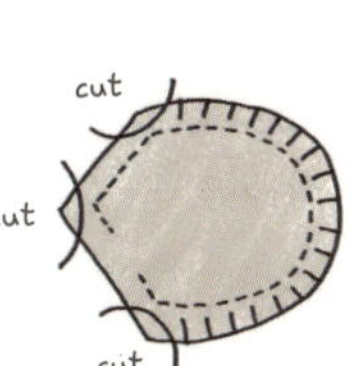 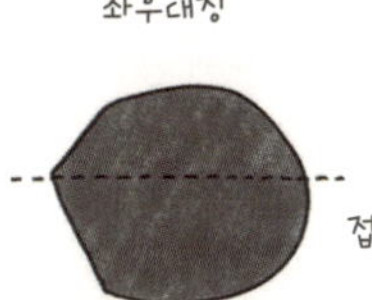 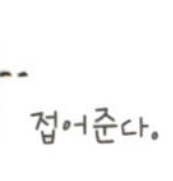

⑧ 그림과 같이 검은색 원단과 린넨 천을 겹쳐 시접을 그림과 같이 처리해서 귀를 바느질해준다.

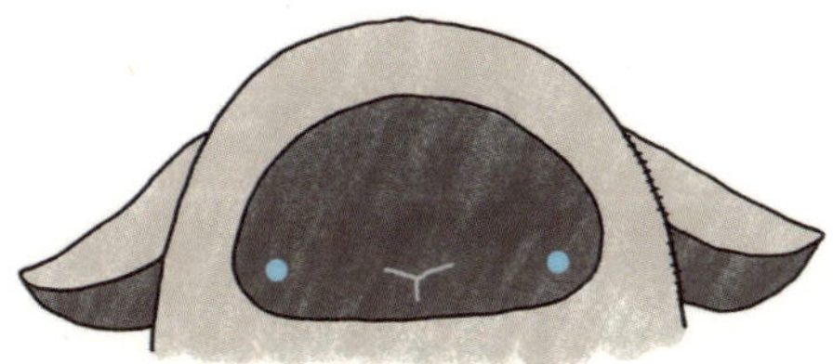 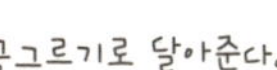 

⑨ 뒤집은 후 머리에 공그르기로 귀를 달아준다.

⑩ 수건걸이 링을 끈에 연결 해서 머리 위 1cm 남겨 둔 구멍으로 끈을 통과시 켜주면 완성.

언젠가부터 하루에 제일 오랜 시간을 보내는 곳이

컴퓨터 앞이 되어버렸네.

내 손목은 소중하니까
키보드쿠션

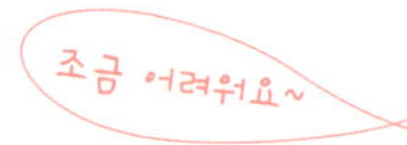

재료 준비 7×7cm 조각 천 24장, 린넨 45×20cm, 2온스 접착솜 90×40cm,
광목 15×15cm, 색깔 천 15×7cm, 망사 원단 45×20cm, 솜,
P.P 알갱이, 8mm 캣츠아이 1쌍, 수실 약간

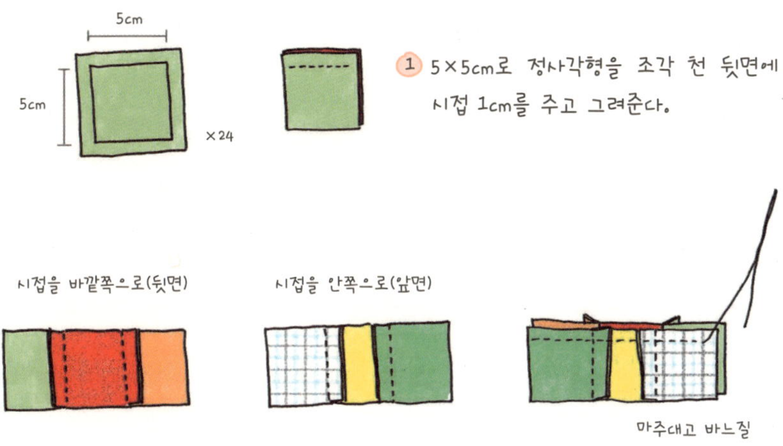

① 5×5cm로 정사각형을 조각 천 뒷면에
시접 1cm를 주고 그려준다.

② 그림과 같이 바느질해서 3×8cm로 24장을 모두 연결해준다.

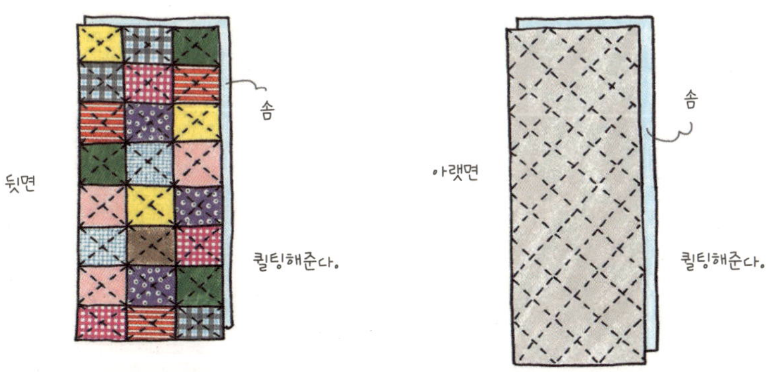

③ ②의 뒷면에 접착솜을 스팀다리미로 눌러 붙여주고, 같은 사이즈로
린넨 원단 뒷면에도 접착솜을 붙인 후 퀼팅해준다.

④ 퀼팅한 ③을 겉면을 마주보도록 하고, 망사 원단도 함께 창구멍을 남기고 바느질해
준다. 시접을 남기고 잘라낸 후 가위집을 주고 뒤집어준다.

⑤ ④의 창구멍에 망사 원단을 경계로 아래
쪽(린넨)에는 P.P알갱이를 넣어주고, 위쪽
(패치워크)에는 솜을 넣어준다. 솜과 P.P알
갱이는 과하지 않게 넣어준다. 공그르기로
창구멍을 막아준다.

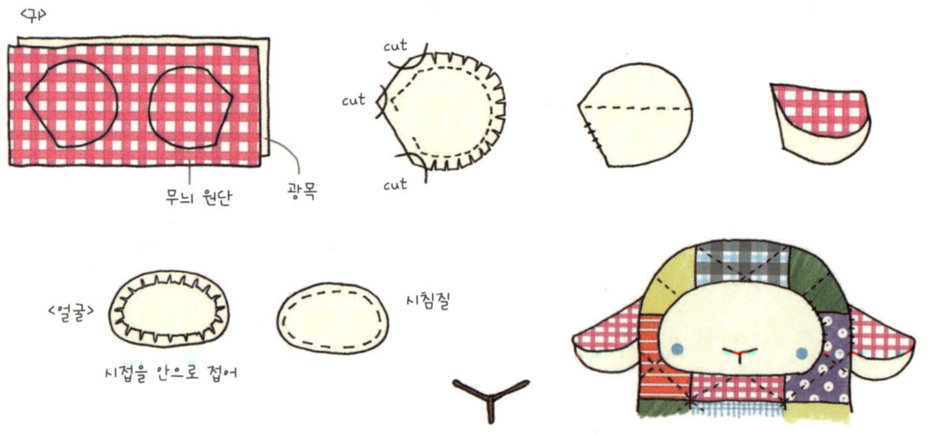

⑥ 귀는 그림과 같이 만들어주고, 얼굴은 패턴대로 시접을 접어 시침질을 해준 후
공그르기로 바느질해준다. 눈은 달아주고, 입은 수놓아준다.

내 손목은 소중하니까
키보드쿠션

마우스야 여기서 놀아라

마우스쿠션 & 패드

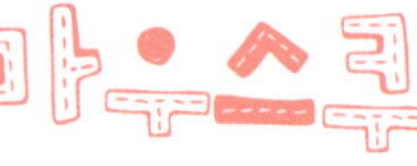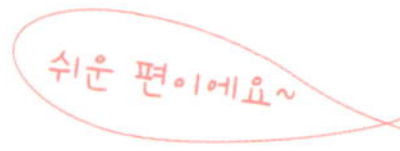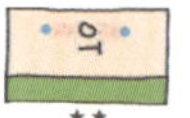

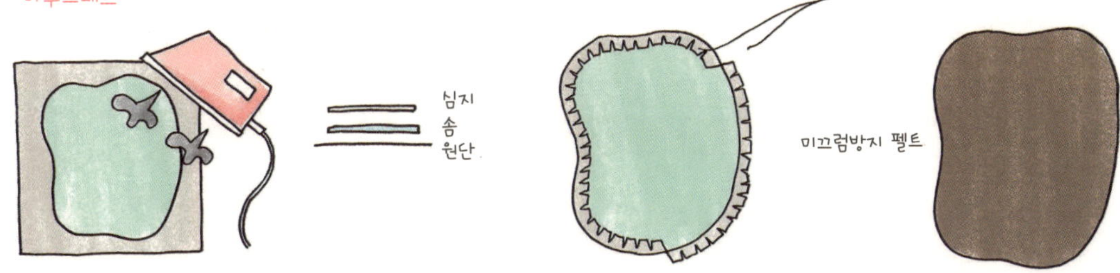

재료 준비 린넨 60×40cm, 검은색 원단 30×40cm, 망사 원단 30×15cm, 미끄럼방지 펠트 30×30cm, 2온스 접착솜 30×30cm, 심지 20×30cm, 8mm 캣츠아이 1쌍, 아이보리색 수실 약간, pop 알갱이, 방울솜

1 원단 뒷면에 솜-심지 순으로 올려 스팀다리미로 붙여준 후, 시접을 안으로 접어 시침질해준다. 미끄럼방지 펠트는 크기대로 재단한다.

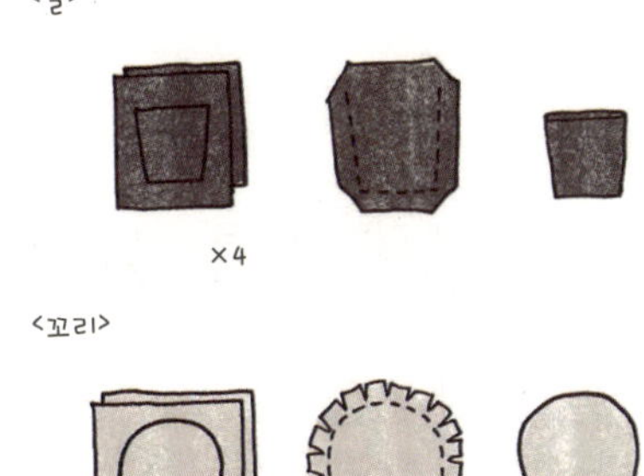

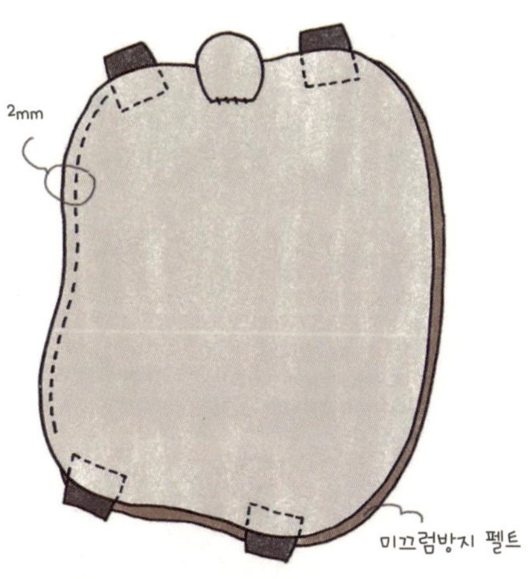

2 검은색 원단으로 그림과 같이 발 4개를 바느질해서 뒤집어주고, 꼬리도 그림과 같이 바느질해준다.

3 ①의 시침질해 준비한 앞면과 펠트 사이에 발을 끼워 바느질해준다. 꼬리는 공그르기로 고정해준다.

마우스 쿠션

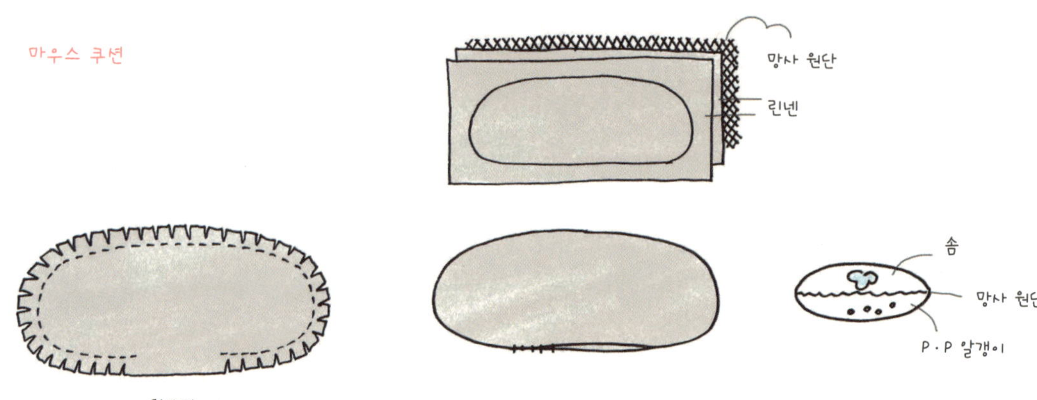

① 린넨-망사 원단 순으로 겹쳐 창구멍을 남기고 바느질해준 후, 뒤집어 망사 원단을 경계로
위쪽에는 솜을 아래쪽에는 P·P 알갱이를 넣어주고 창구멍을 막아준다.

② 얼굴이 될 검은색 원단을 패
턴대로 시접을 안으로 접어
시침질해준 후 ①에 올려
공그르기로 바느질해준다.

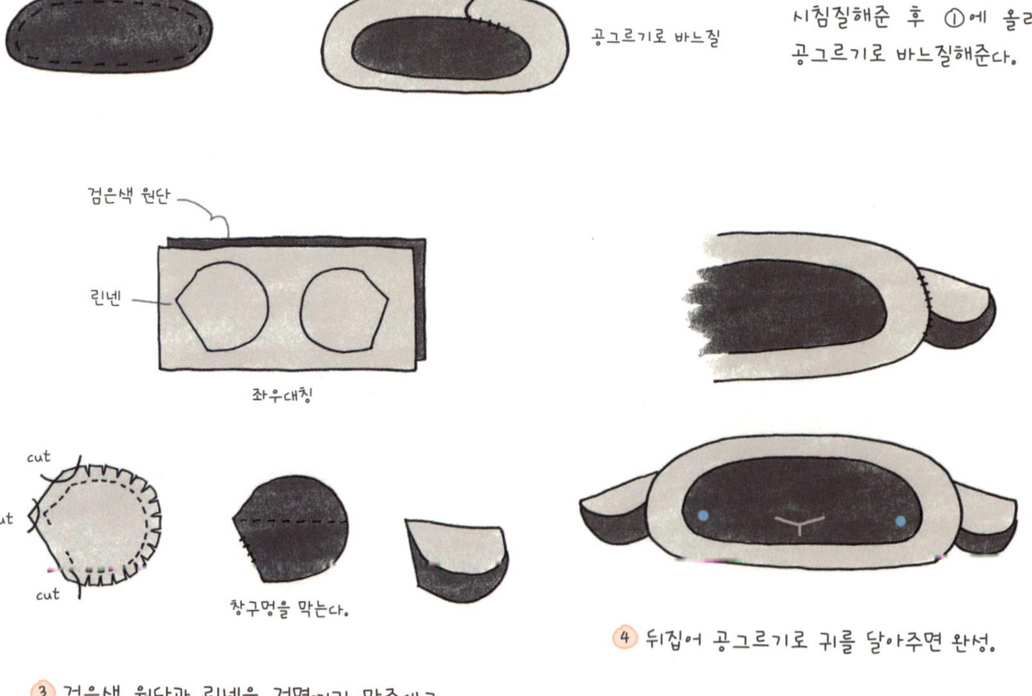

④ 뒤집어 공그르기로 귀를 달아주면 완성.

③ 검은색 원단과 린넨을 겉면끼리 마주대고
좌우대칭으로 그림처럼 귀를 바느질한다.

마우스쿠션 & 패드

Desk Mat
없으면 허전해
데스크매트
조금 어려워요~
★★★★

재료 준비 린넨 65×35cm, 6×6cm 조각 천 24장, 무늬 원단 15×15cm, 광목 35×30cm, 미끄럼방지 펠트 55×32cm, 4온스 접착솜 55×32cm, 기타 아플리케할 조각 천들, 4mm 캣츠아이 1쌍, 분홍, 갈색, 아이보리 수실 약간

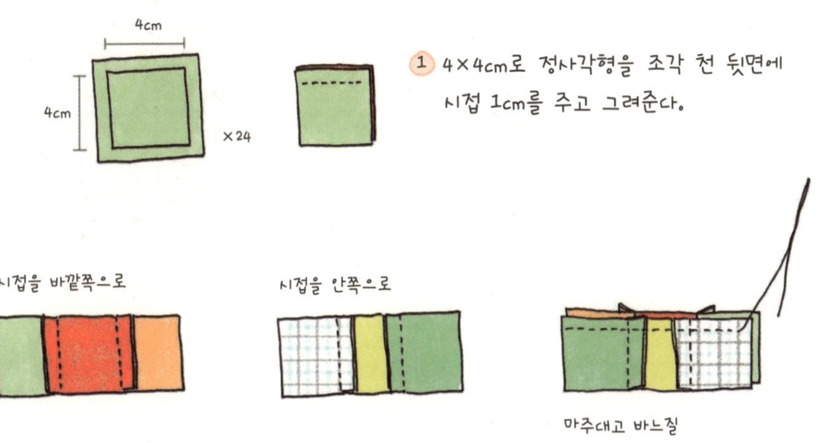

① 4×4cm로 정사각형을 조각 천 뒷면에 시접 1cm를 주고 그려준다.

② 그림과 같이 바느질해서 3×8cm로 24장을 모두 연결해준다.

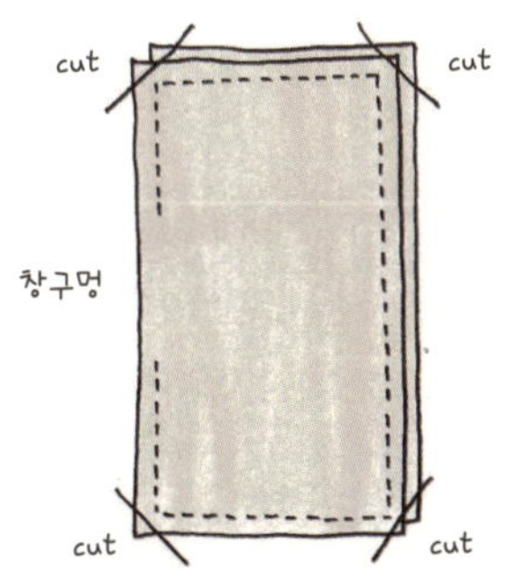

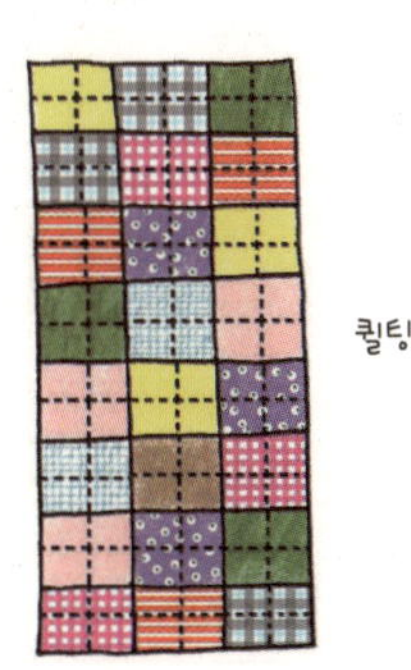

퀼팅을 해준다.

③ ②의 안감을 겉면끼리 마주대고 그림과 같이 창구멍을 남기고 바느질해서 뒤집어준다.

④ 뒤집은 후 퀼팅해준다.

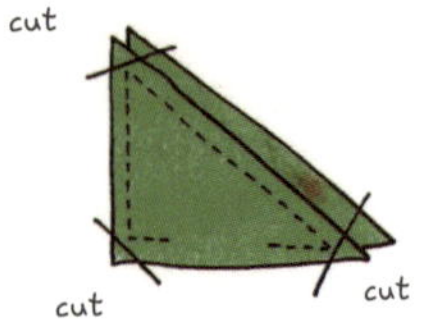

5 삼각형 패턴을 그림과 같이 바느질해서 뒤집어준 후,
한쪽 면을 홈질해준다.

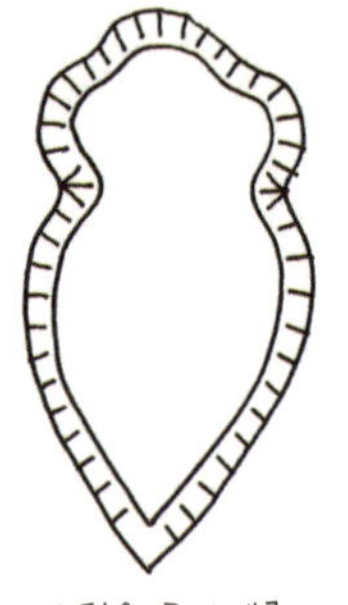
가위집을 곱게 내준다.

공그르기로 배를 아플리케

6 고양이 배 패턴의 시접에
가위집을 준 후, 안으로 접
어 시침질한 다.

7 공그르기로 고양이 배를 바느질
해준다. 뒤집어서 시접을 남기고
검은색 원단을 오려낸다.

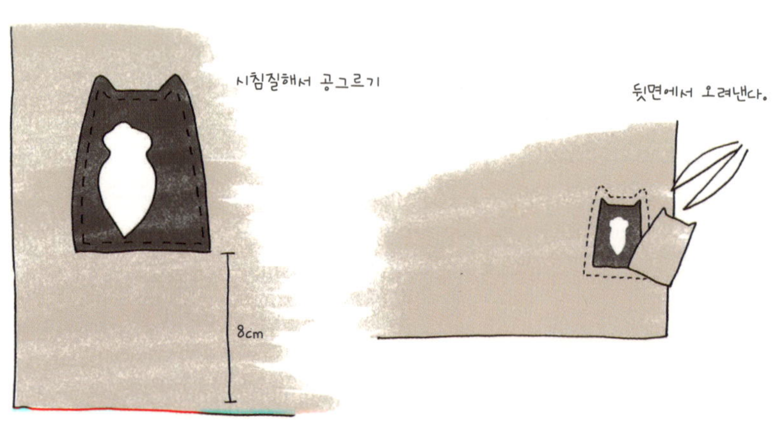

8 ①을 패턴대로 시침질해서 바탕천에 공그르기해준다
(완성선에서 8cm 위에 바느질해준다). 그리고 뒷면에서
시접을 남기고 고양이 모양대로 오려낸다.

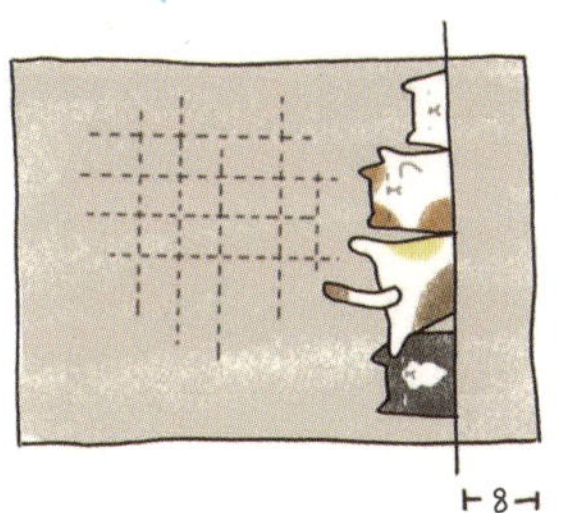

⑨ 같은 방법으로 고양이들을 아플리케한다.
그리고 가로 세로 퀼팅을 한다.

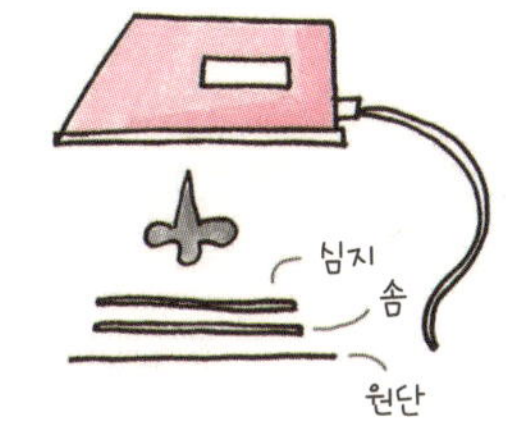

⑩ ⑨의 뒷면에 접착솜을 붙여주고, 시접을 안으로 접어
시침질해준다(솜-심지 순).

⑪ 바느질한 패치와 삼각형을 올리고, 맨 뒤에는 미끄럼방지
펠트를 사이즈대로 재단해서 함께 바느질해준다.

⑫ 고양이들을 제외하고
그림과 같이 퀼팅한다.

멀리 여행을 떠나는 친구에게 선물을 하려고

며칠 전부터 인형을 만들고 있었지.

폭신한 소파에 앉아 음악을 들으며 바느질하는 시간이 이젠 너무 소중해.

××××××××××

sewing box
바느질은 소중한 친구
반짇고리
조금 어려워요~
★★★★

재료 준비 광목 35×11cm, 안감(꽃무늬) 35×11cm, 린넨 30×22cm, 갈색 원단 12×12cm, 크림색 다이마루 13×13cm, 플라스틱 가방바닥판 14×8cm, 꽃무늬 천 25×4cm, 2온스 접착솜 23×14cm, 심지 23×14cm, 나무판 20×8cm, 나무막대기 2개, 8mm 캣츠아이 1쌍, 진주색 시드비즈 6개, 갈색 수실 약간

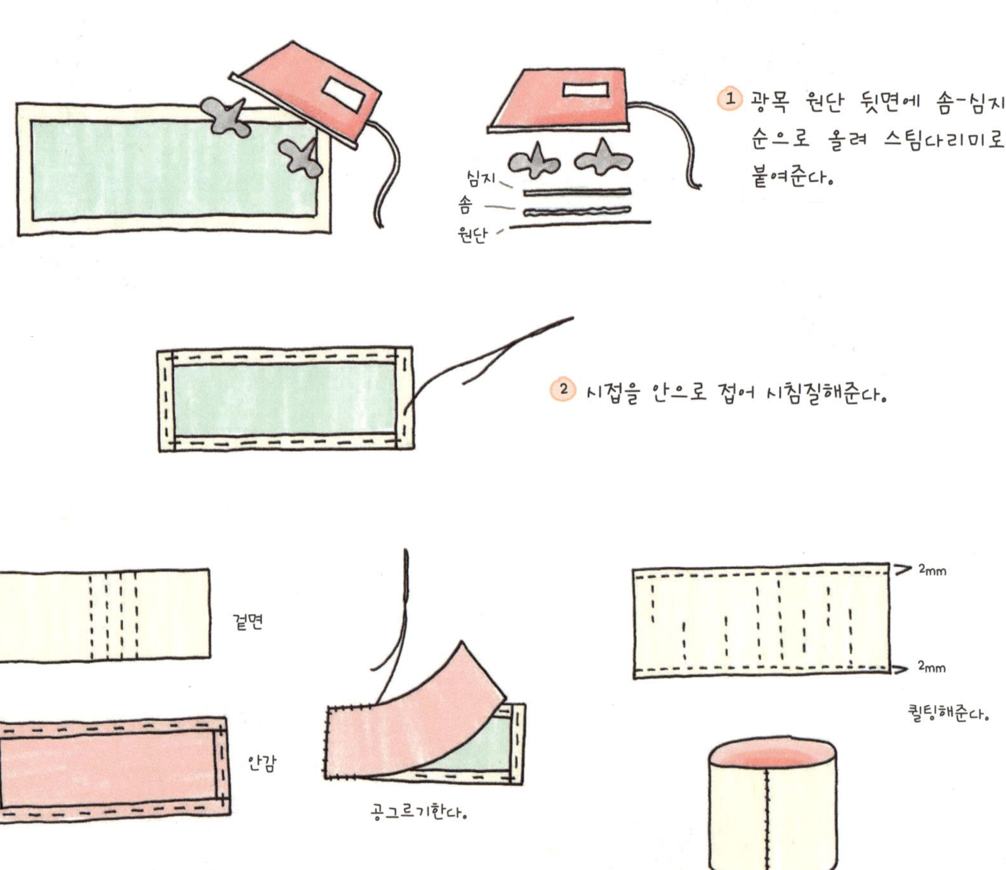

1 광목 원단 뒷면에 솜-심지 순으로 올려 스팀다리미로 붙여준다.

2 시접을 안으로 접어 시침질해준다.

3 ②를 퀼팅해주고, 안감도 시접을 접어 시침질해준 후, 겉과 안을 겹쳐 사방을 공그르기한다.

4 위와 아래를 퀼팅해주고, 둥글게 말아 양끝을 바느질해준다.

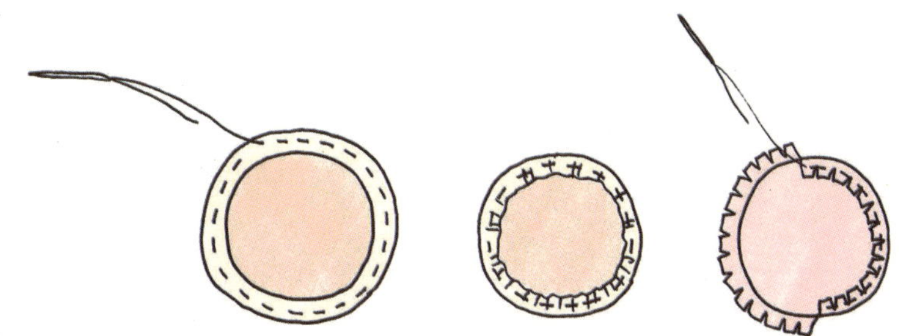

5 가방 바닥판을 사이즈대로 잘라주고, 광목 원단 위에
올려 홈질해서 잡아당겨 단단히 매듭을 지어준다.

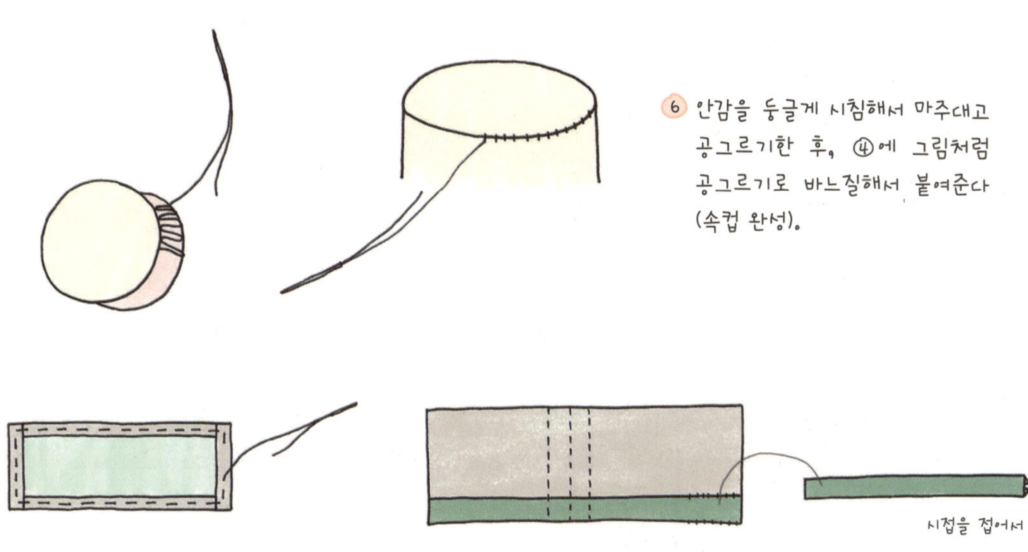

6 안감을 둥글게 시침해서 마주대고
공그르기한 후, ④에 그림처럼
공그르기로 바느질해서 붙여준다
(속컵 완성).

7 속컵과 같은 방법으로 린넨 원단 뒷면에 패턴대로
솜-심지 순으로 올려 붙여준다.

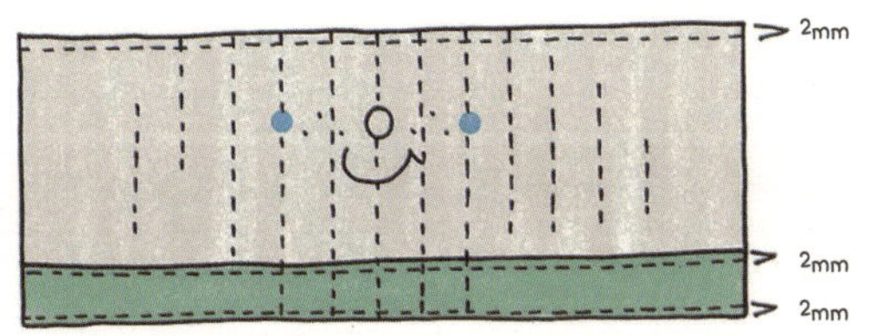

8 밑단 꽃무늬 장식의 시접을 접어
공그르기로 바느질해준다.

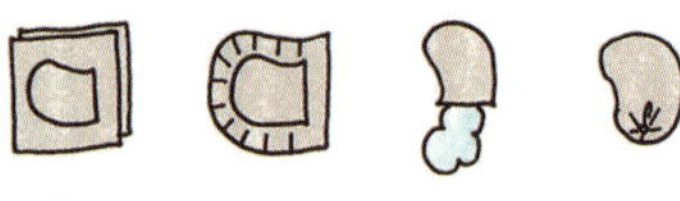
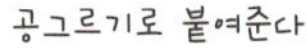
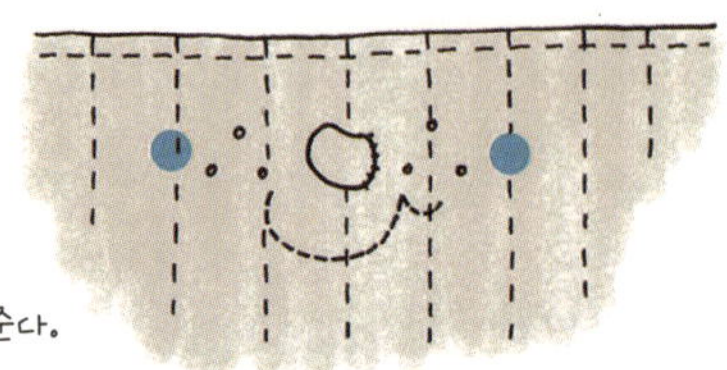

<코>

코를 바느질해서

공그르기로 붙여준다.

9 코를 그림과 같이 바느질해서 공그르기로 붙여준다.
입은 수놓아주고, 눈을 달아준다.

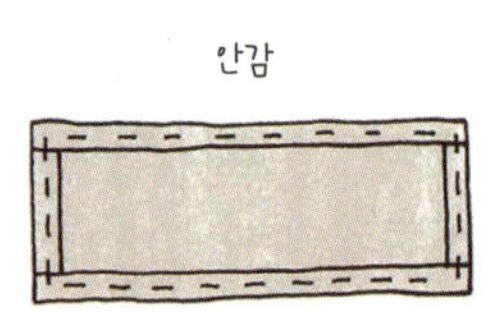
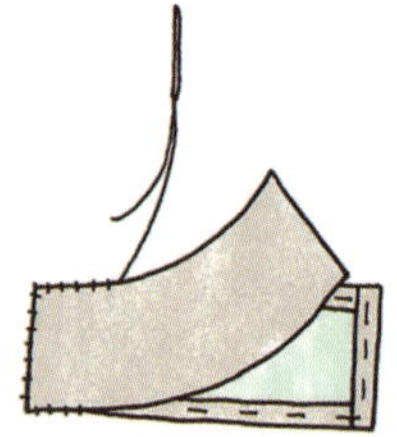

안감

사방을 공그르기한다.

10 안감이 될 린넨 원단의 시접을 접어 넣고
함께 공그르기해준 후 둥글게 말아 공그르
기로 양끝을 바느질한다(④와 동일).

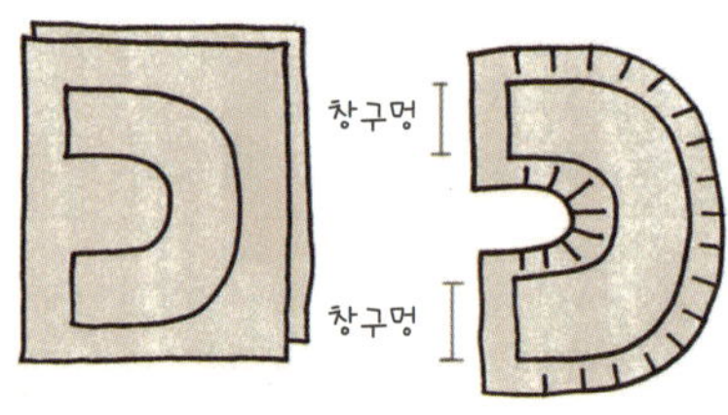
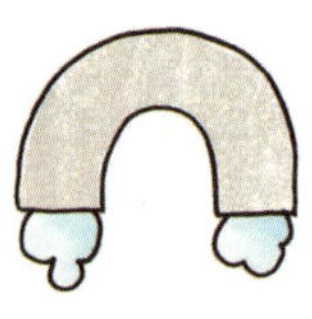
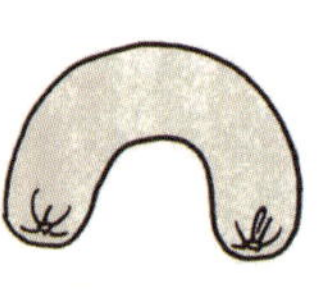

창구멍

창구멍

11 손잡이를 그림과 같이 바느질해서 뒤집어준 후,
솜을 넣어주고 ⑩에 바느질해준다.

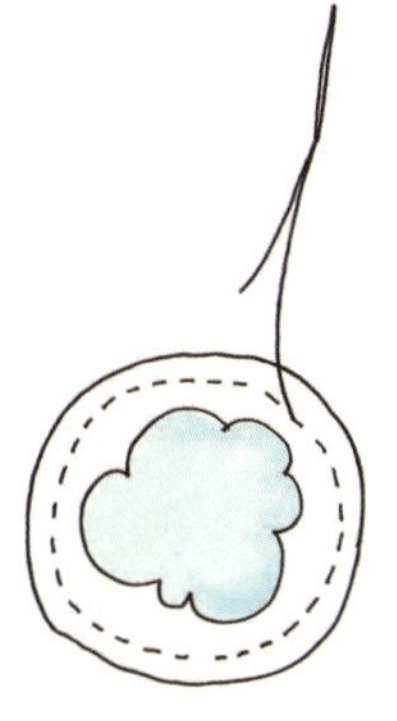 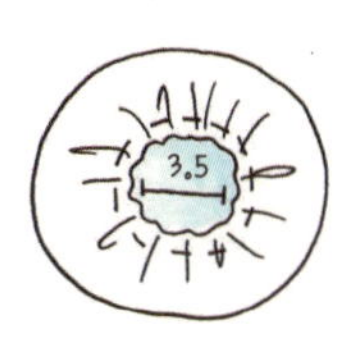 

⑫ 갈색 원단으로 ⑤처럼 컵의 윗부분을 만들어 공그르기로 붙여주고, 티셔츠 원단으로 그림처럼 패턴대로 홈질해서 당겨준 후, 솜을 넣어 크림을 만들어준다. 컵 위에 빙글 돌아가며 공그르기해주면 완성! 작은 단추나 생크림 장식을 자유롭게 장식해준다.

⑬ 나무판 위에 피스로 컵을 고정해주고, 드릴로 구멍을 내서 나무 막대기를 꽂아주면 완성.

귀여운 녀석이 편하기까지 해

바늘쌈지

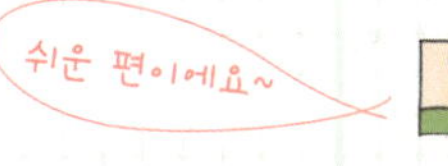

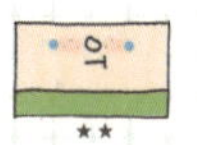

 린넨 35×25cm, 꽃무늬 원단 13×23cm, 4온스 접착솜 20×20cm, 심지 20×20cm, 펠트 20×20cm, 광목 4×4cm, 4mm 검은색 비즈 2개, 분홍 수실 약간, 솜 약간

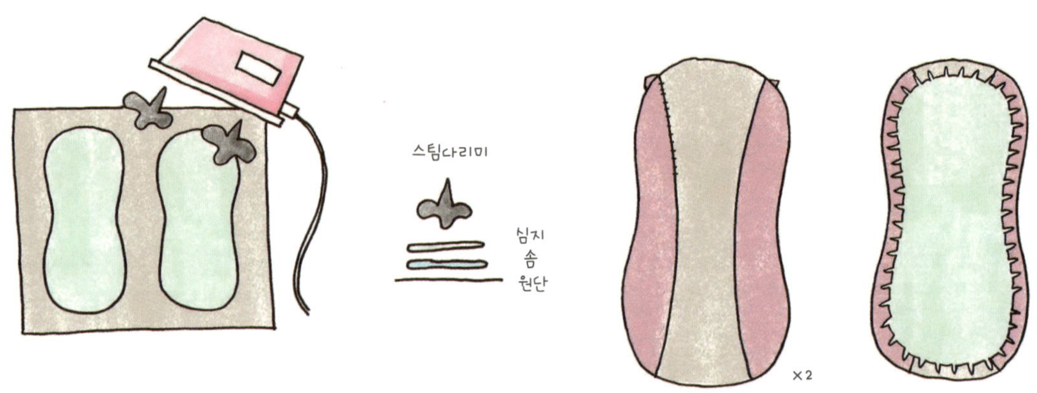

1 원단 뒷면에 패턴대로 솜-심지 순으로 붙여주고, 그림과 같이 꽃무늬 원단을 공그르기로 바느질해 준 후, 시접을 안으로 접어 시침질해준다.

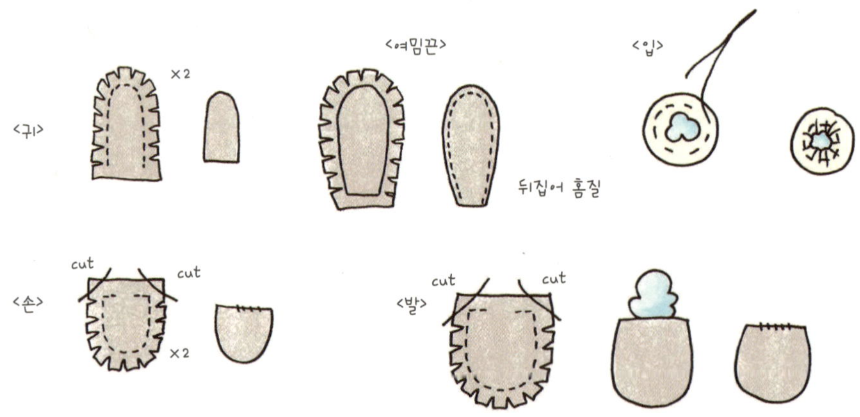

2 귀, 손, 발, 여밈끈을 바느질해서 뒤집어준 후 둘레를 홈질해준다. 입은 광목 원단을 패턴대로 동그랗게 홈질해서 잡아당겨 솜을 조금 넣은 후 X자로 입을 수놓아준다.

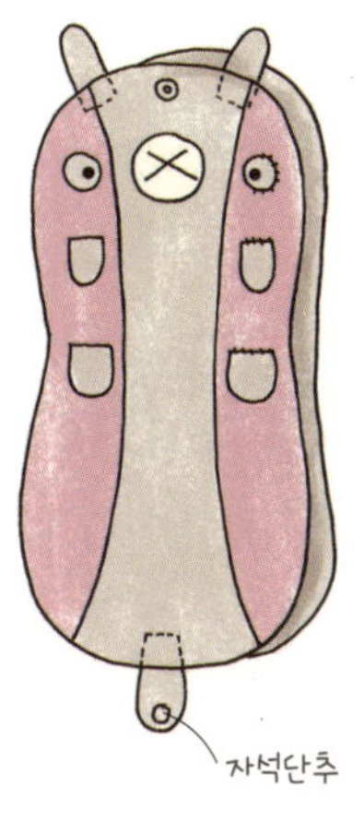

3 눈을 공그르기로 바느질하고, 비즈로 눈동자를 달아준다. 팔과 다리를 공그르기로 고정하고, ①을 겹쳐주고, 귀와 여밈끈을 끼워 공그르기한다. 그림과 같은 위치에 자석단추를 달아준다.

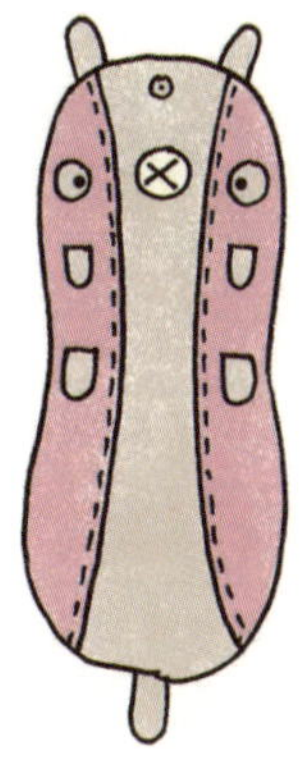

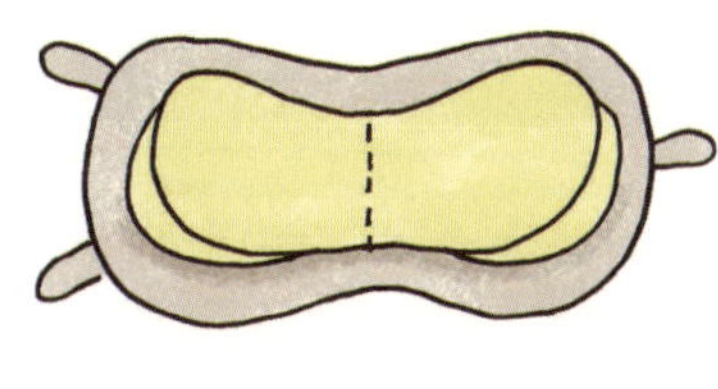

4 ③을 그림과 같이 퀼팅해준 후, 펠트 2장을 패턴대로 재단해서 가운데를 바느질해주면 완성

두루마리 휴지의 화려한 변신

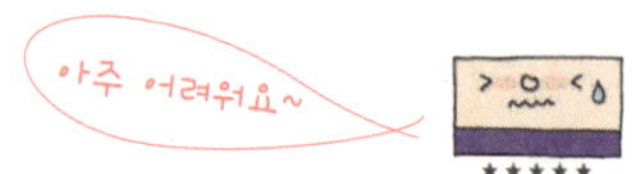

~~~

✂ **재료 준비** 베이지색 원단 60×35cm, 광목 65×30cm, 체크 원단 50×6cm, 초콜릿 색
원단 40×20cm, 4온스 접착솜 60×35cm, 심지 60×35cm, 플라스틱 가방
바닥판 40×20cm, 15mm 캣츠아이 1쌍, 물방울 비즈 1개

~~~

① 겉컵의 패턴대로 재단한
솜과 심지를 스팀다리미
로 붙여주고, 시접을 안
으로 접어 시침질해준다.

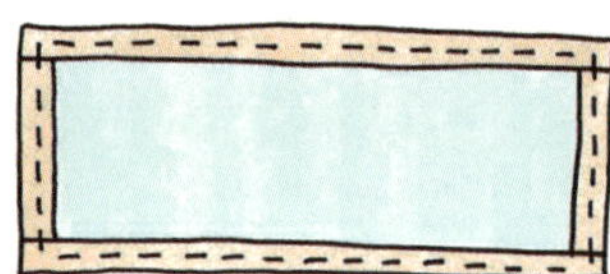

② 밑단 패턴대로 체크 원단을 접어 공그르기로
바느질해주고, 퀼팅해준다.

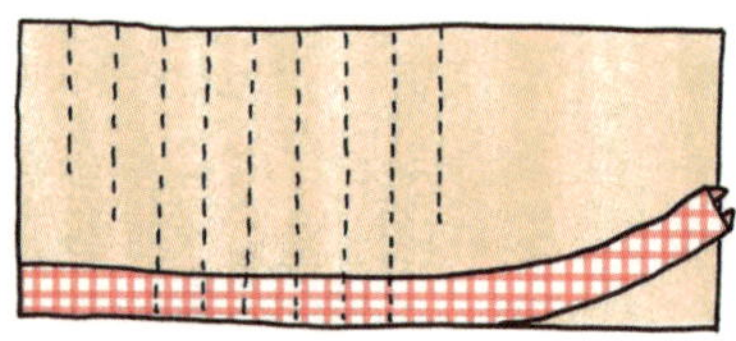

 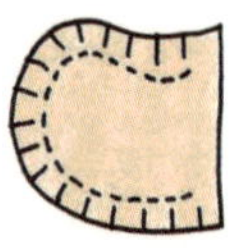 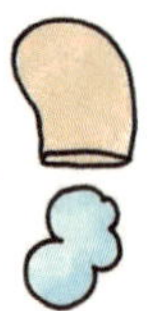 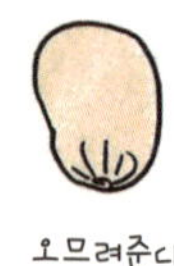

오므려준다.

③ 코를 바느질해서 뒤집어준 후 솜을
통통하게 넣어 ①에 바느질해준다.

④ 콧물을 달아주고, 비즈로 주근깨를 바느질해주고,
눈을 달아준다. 입은 수를 놓아준다.

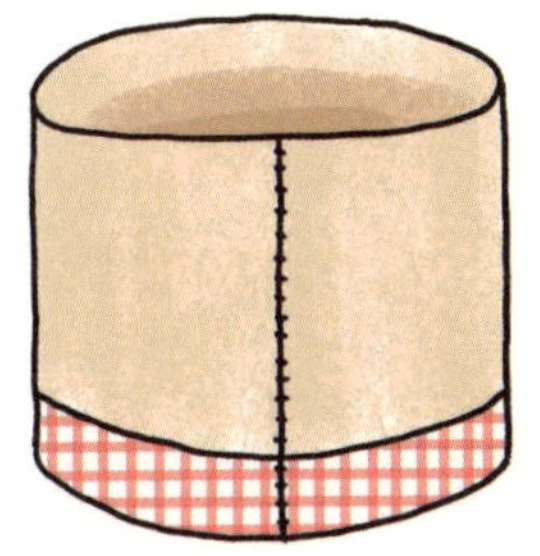

5 같은 원단으로 뒷면을 시침질한 후, ①과 함께 겹쳐 사방을
공그르기해준다. 그림과 같이 퀼팅해주고, 둥글게 말아 양끝
을 연결해준다.

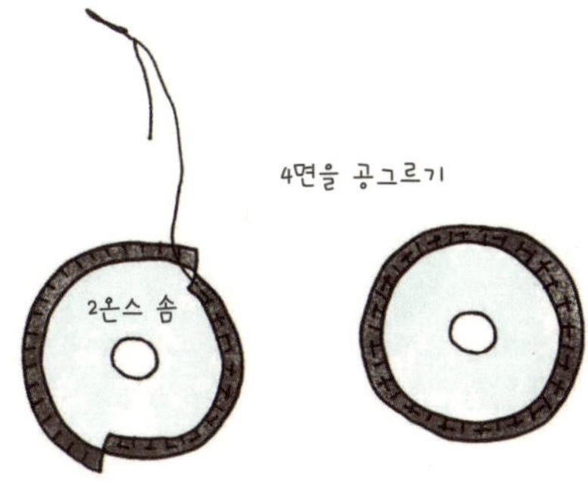

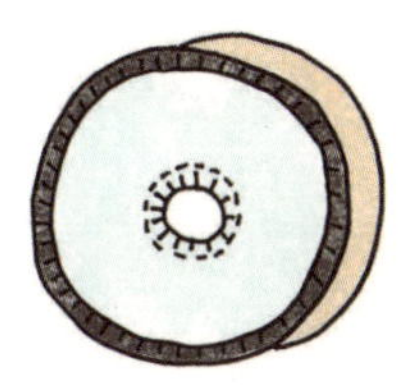

7 가방 바닥판을 안에 넣고
공그르기로 바느질해준다.

6 갈색 원단에 솜을 붙여주고, 겉감과
안감 모두 둥글게 시침질해준 후,
겉면끼리 마주대고 안쪽 동그라미를
바느질해준다.

8 가방바닥판을 안에 넣고
공그르기로 바느질해준다.

9 ⑧을 ⑤의 윗면에 공그르기로
그림과 같이 바느질해준다.

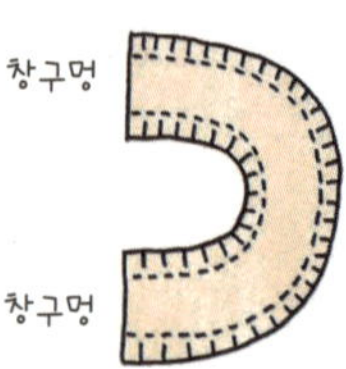  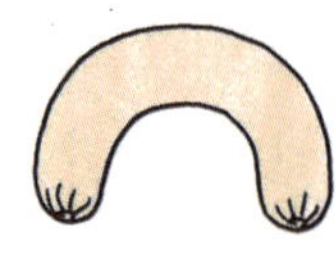

10 같은 원단으로 그림과 같이 손잡이를 바느질해서 뒤집어 준 후,
솜을 단단히 넣고 창구멍을 막아준다.

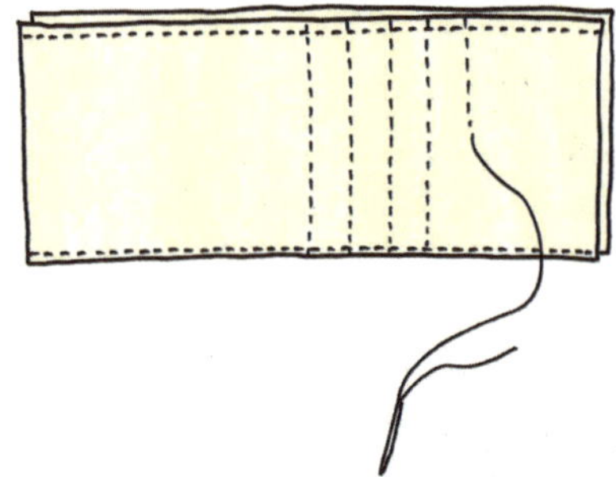

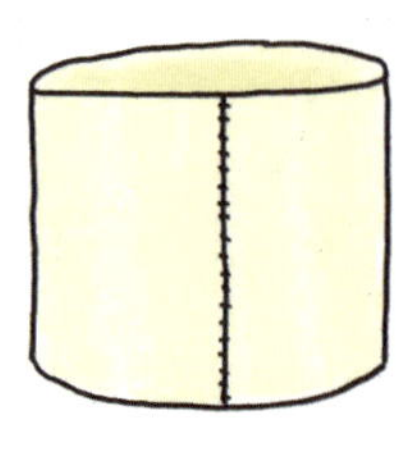

11 ①과 같은 방법으로 속컵을
만들어주고, 퀼팅을 해준 후
둥글게 말아 바느질해준다.

12 가방바닥판을 패턴대로 잘라 원단 위에 올려
놓고 시접을 홈질로 둥글게 바느질해준 후
잡아당겨 가방바닥판을 감싸준다.

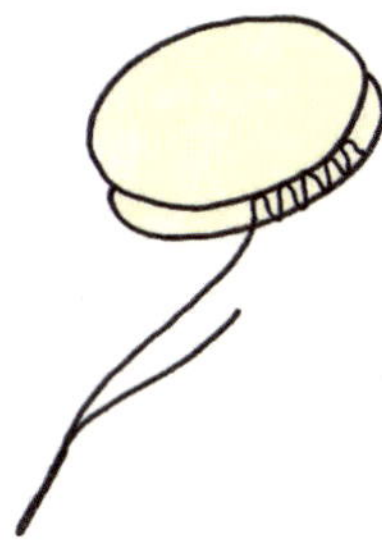

13 시접을 안으로 둥글게 접은 안감과 함께 공그 르기한다.

바닥을 공그르기

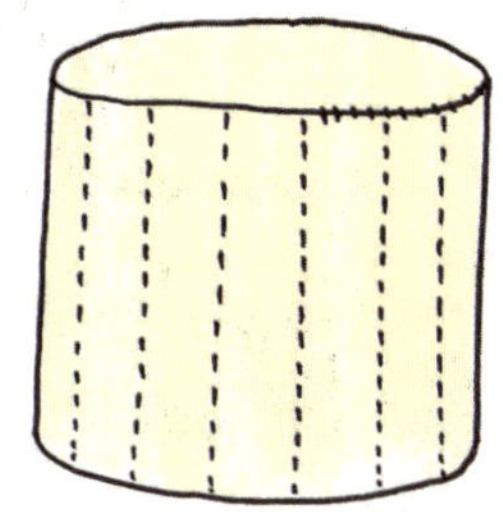

14 ⑪의 아랫면에 바느질해준다.

15 속컵에 두루마리 휴지를 넣고 겉컵을 씌워주면 완성.

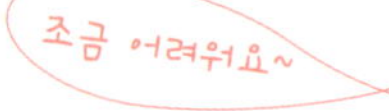

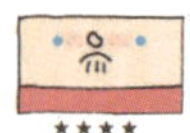

조금 어려워요~

재료 준비 린넨 55X50cm, 꽃무늬 원단 40X20cm, 갈색 원단 20X10cm, 4온스 접착솜 45X15cm, 심지 45X15cm, 솜, 플라스틱 가방 바닥판 15X15cm, 8mm 캣츠아이 1쌍, 분홍 수실 약간, 철사, 나무 손잡이, 아일렛 1쌍

① 원단 뒷면에 솜-심지 순으로 올려 스팀다리미로 붙여준다.

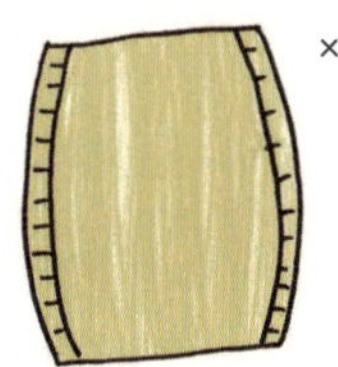

×2

공그르기로 바느질해준다.

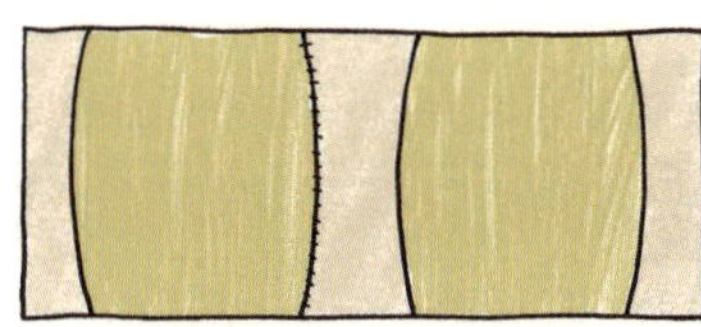

② 꽃무늬 원단을 패턴대로 잘라 양옆을 시침질한 후 ①에 공그르기로 바느질해준다.

겉감

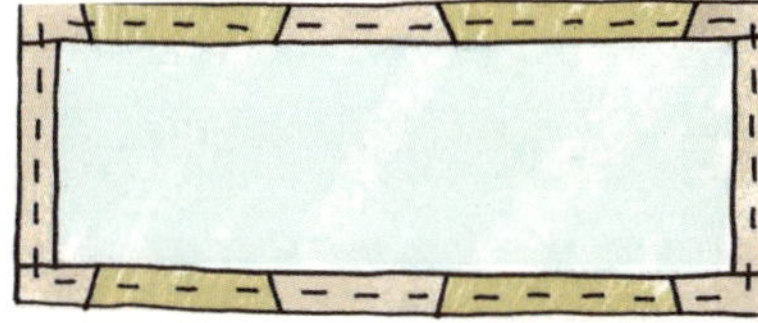

안감

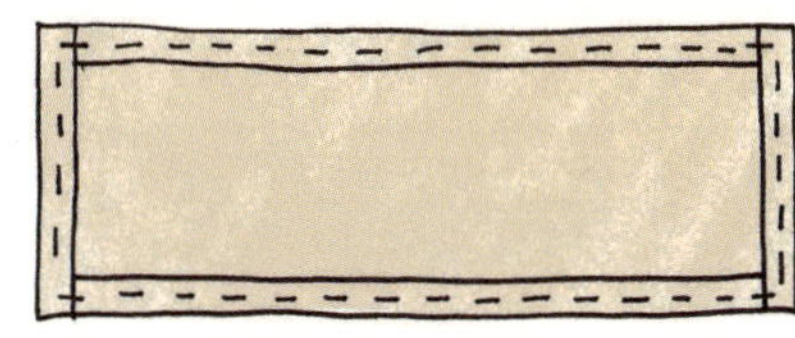

겉면

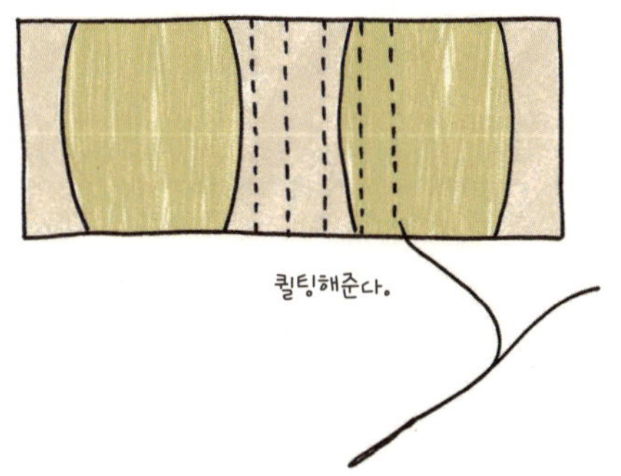

퀼팅해준다.

③ ②의 시접을 안으로 접어 시침질하고, 안감도 같은 방법으로 시침질해준다. 겉면은 그림과 같이 퀼팅해준다.

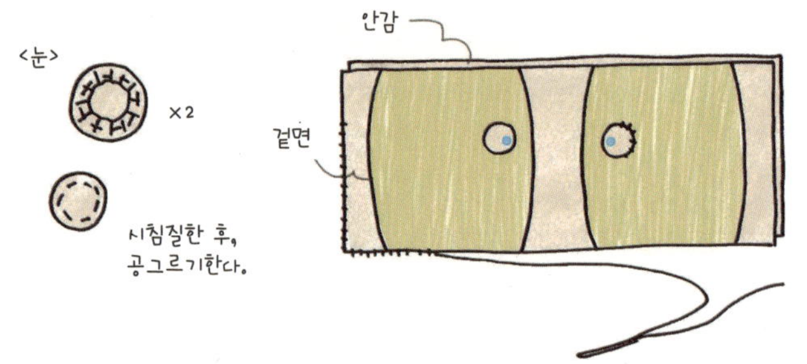

④ 눈은 그림과 같이 만들어 시침질한 후 공그리기로 눈을 달아준다.

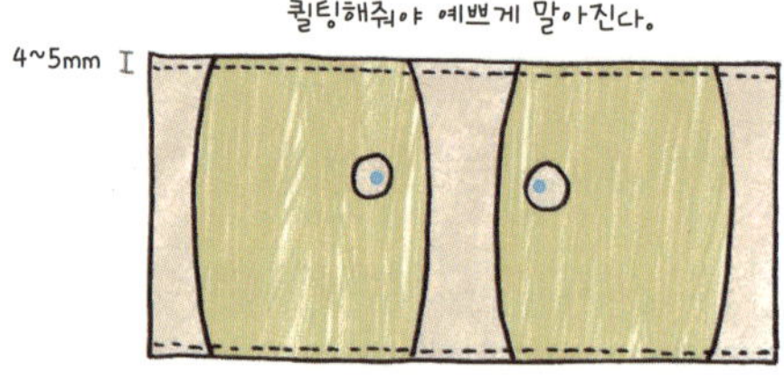

⑤ 안감과 겉면을 겹쳐 공그리기로 바느질해준다. 윗면과 아랫면을 그림처럼 퀼팅해준다.

⑥ 둥글게 말아 공그리기로 연결해준다.

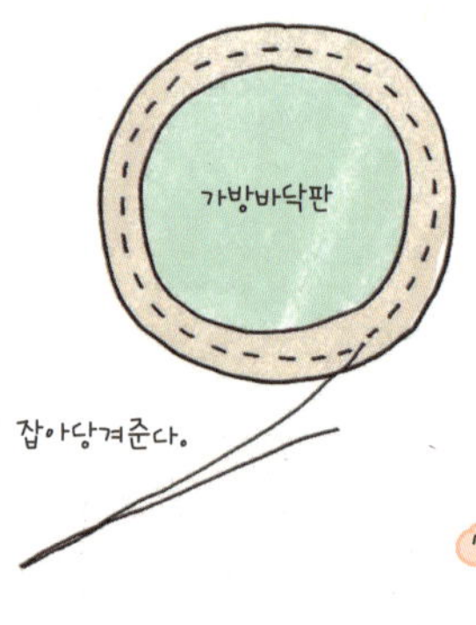

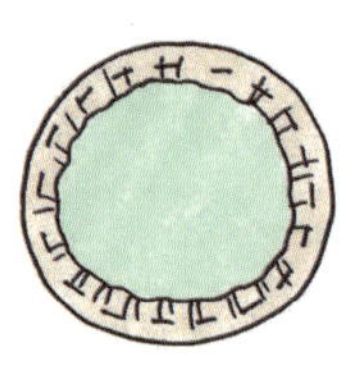

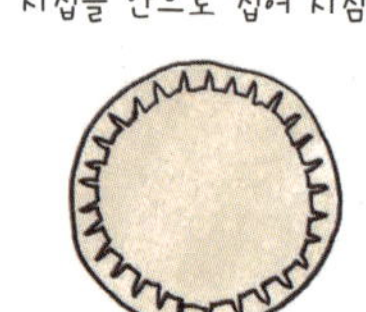

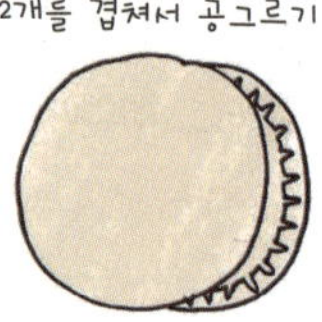

⑦ 가방바닥판을 패턴대로 잘라 원단 위에 올려놓고 시접을 둥글게 홈질한 후 잡아당겨 가방바닥판을 감싸준다. 그리고 시접을 안으로 둥글게 접은 안감과 함께 공그리기로 바느질해준다.

⑧ ⑥의 아랫면에 올려 공그리기로 붙여준다.

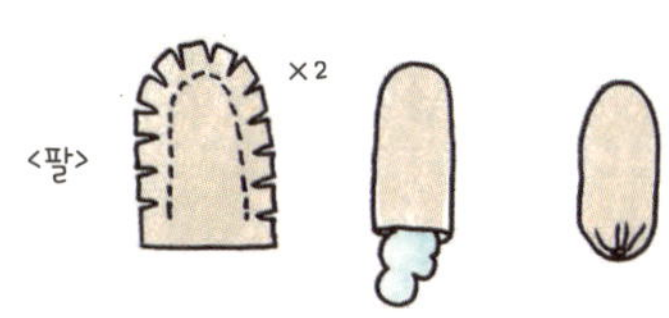

9 팔을 그림과 같이 바느질해서 뒤집어 솜을 넣어준다.

10 귀는 속귀를 먼저 공그르기로 바느질해 겉귀에 붙여준다. 겉귀를 그림처럼 바느질해서 뒤집어 솜을 약간 넣어주고 창구멍을 막아준다.

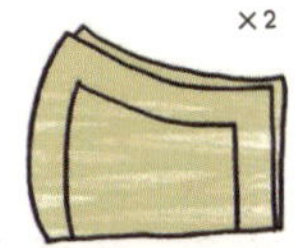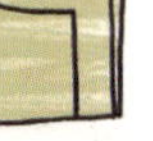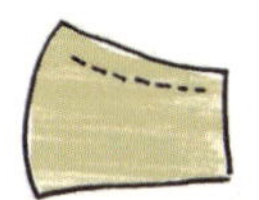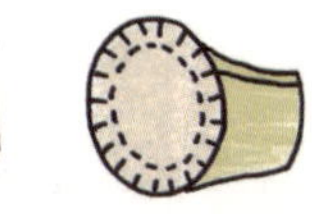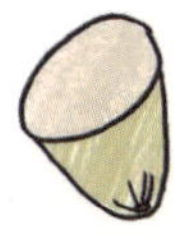

11 다리는 패턴을 반으로 접어 그림과 같이 바느질해주고, 둥근 발 바닥판을 바느질해준 후, 가위집을 넣고 뒤집어 솜을 넣어준다.

12 코와 꼬리는 짙은 색 원단에 패턴대로 홈질해서 잡아당겨 솜을 통통하게 넣어 준비한다(코에는 X자로 수를 놓아준다).

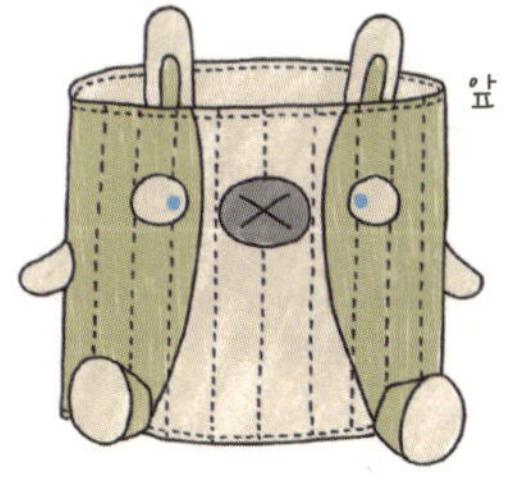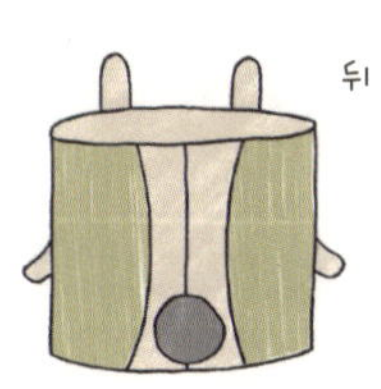

13 ⑧에 귀, 손, 다리, 코, 꼬리를 각각 예쁘게 공그르기로 바느질해서 붙여준다.

14 ⑬의 양옆에 아일렛을 달아주고(아일렛이 없으면 그냥 그대로) 철사를 그림처럼 구부리고, 손잡이를 끼워 아일렛에 끼워주면 완성

오랜만에 친구와의 저녁식사

가방에 왜 이렇게 챙길게 많은 걸까?

내 몸은 소중하니까
면 생리대

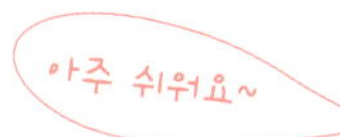

재료 준비 흡수층(수건 or 티셔츠 원단 15X30cm(3~5장)),
광목 45X35cm, 갈색 원단 20X20cm, 수실 약간,
똑딱단추 1쌍

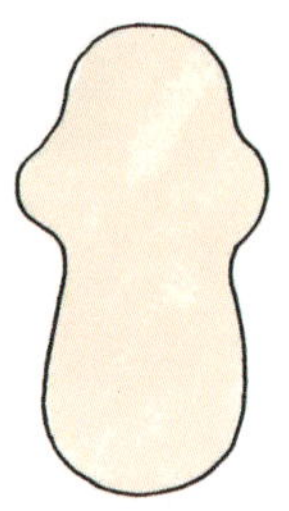

① 안 쓰는 수건이나 면티 등을 몇 장 겹쳐
패턴대로 잘라 흡수층을 준비한다.

<손>   <발>

×2   ×2

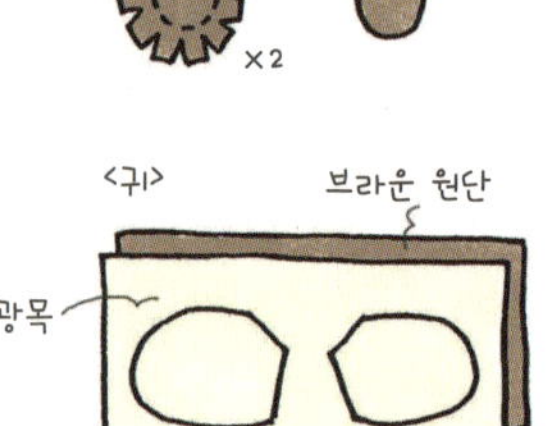

<귀>   브라운 원단

광목

좌우대칭

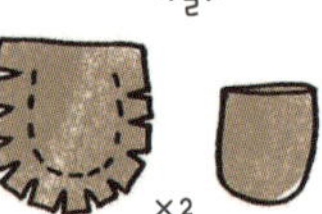
창구멍

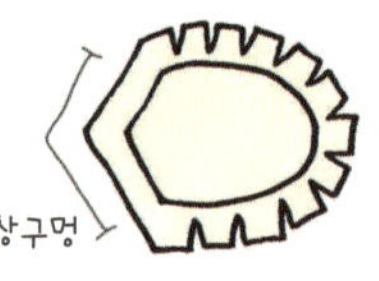

② 손, 발, 귀를 그림처럼 바느질해서 뒤집어 준다.

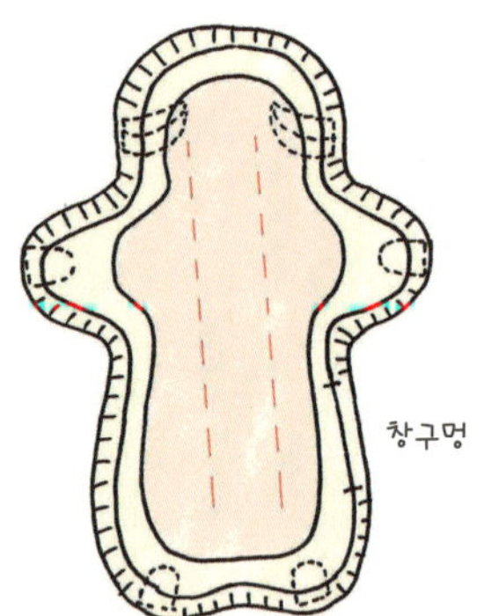
창구멍

③ 세탁해서 준비한 광목 원단에 ①을 시침질해서
위치를 잘 잡아준 후, ②의 손, 발, 귀를 넣어
창구멍을 남기고 바느질해준 후 뒤집어 창구멍
을 막아준다.

눈, 코를 수놓아준다.

④ 얼굴을 시침질해서 공그르기로 바느질해주고, 눈과 코를 수놓아준다. 그림과 같이 퀼팅해주고, 똑딱단추를 달아주면 완성(퀼팅해주면 흡수층을 고정시킬 수 있다).

없으면 많이 불편해

파우치

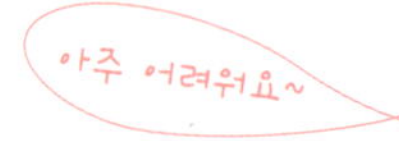

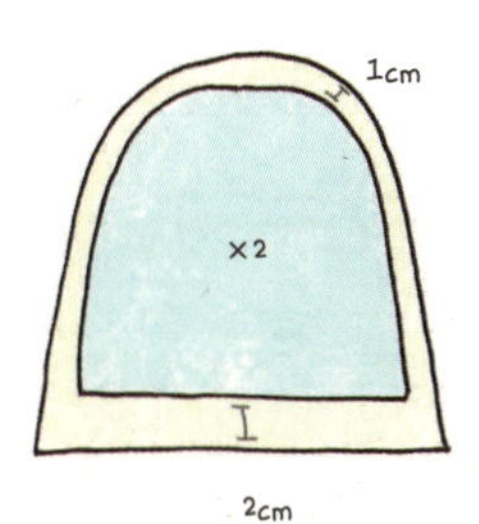

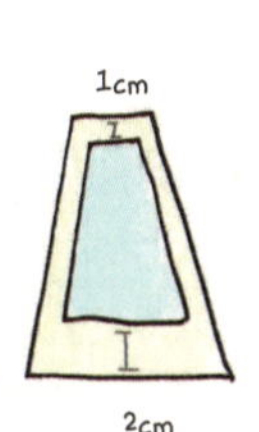

재료 준비 광목 60X30cm, 꽃무늬 원단 40X25cm, 안감(체크 원단) 60X30cm, 린넨 17X15cm, 2온스 접착솜 30X35cm, 심지 10X9cm, 지퍼 25cm, 8mm 캣츠아이 1쌍, 수실 약간

① 패턴대로 자른 2온스 솜을 광목 뒷면에 붙여주고, 시접을 남기고 재단한다. 이때 아래쪽 시접을 2cm 정도 넉넉하게 준다.

② 꽃무늬 원단을 재단해서 시접을 안으로 접어 그림과 같이 공그르기해준다.

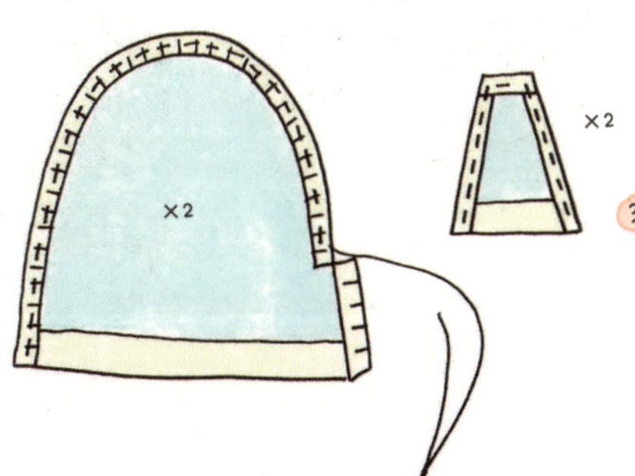

③ ②의 시접을 안으로 접어 시침질을 하는데 아랫면은 그대로 둔다.

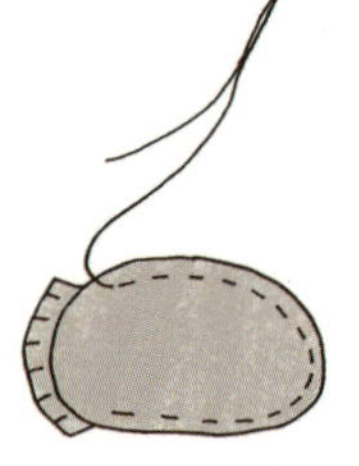

얼굴을 시침질한다.

④ 앞면이 될 쪽에 얼굴 패턴을 시 침질해서 공그르기로 붙여주고, 코는 수놓고 눈을 달아준다.

⑤ 그림과 같이 아랫면을 퀼팅해준다.

⑥ ⑤를 그림처럼 공그르기로 4면을 바느질해서 연결해준다.

1cm

⑦ 아랫면을 1cm 정도 둥 글게 홈질해서 잡아당 겨 오므려준다.

원단-솜-심지

시침질해준 후

퀼팅한다.

⑧ 바닥판을 솜-심지 순으로 올려놓고 스팀다리미로 붙여주고, 시접을 안으 로 접어 시침질해준 후 퀼팅해준다.

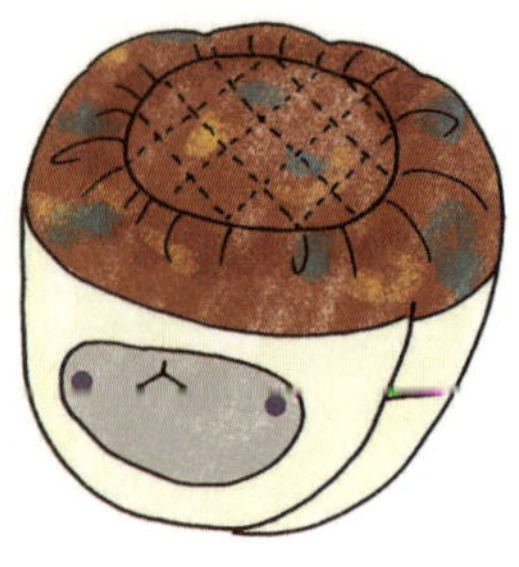

아랫면에 공그르기로 바느질해준다.

⑨ 바닥판을 ⑥에 공그르기로 바느질해준다.

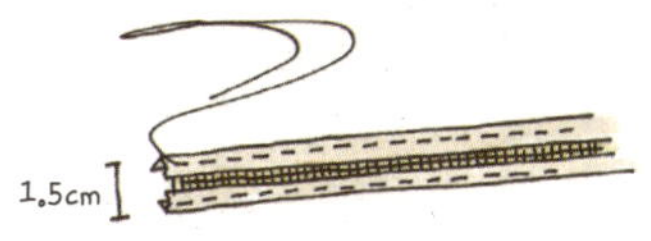

⑩ 지퍼를 그림과 같이 시침질해준 후,
공그르기로 바느질해준다.

윗면만 시접을 접어 시침질한다.

윗면을 공그르기 지퍼를 정리해준다.

바닥판을 공그르기해준다.

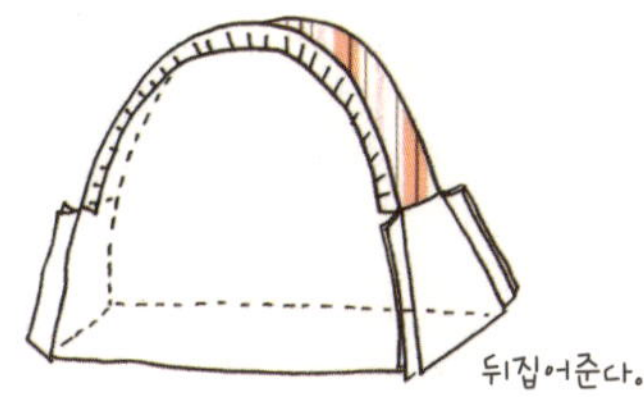

뒤집어준다.

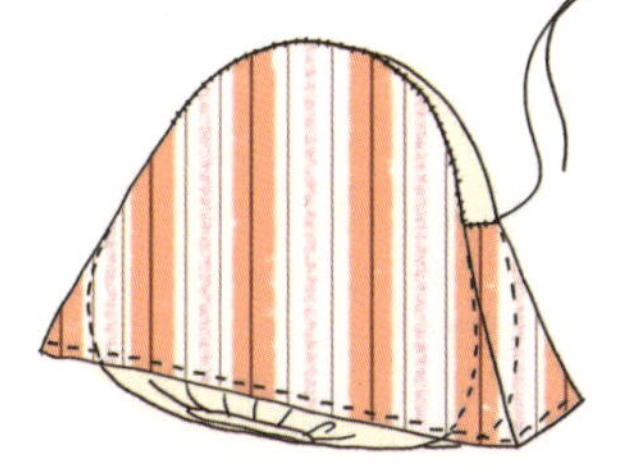

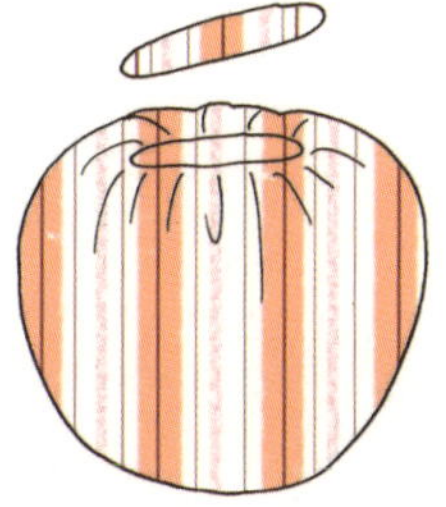

⑪ 안감을 재단해서 4면을 모두
바느질해서 연결해준다.

⑫ 윗면의 시접을 시침질해서 ⑩을
뒤집은 후 그림과 같이 지퍼 부분
을 공그르기해준다.

⑬ 바닥을 홈질해서 잡아당겨주고,
바닥판도 만들어 공그르기로 바느
질해서 안감을 완성해준다.

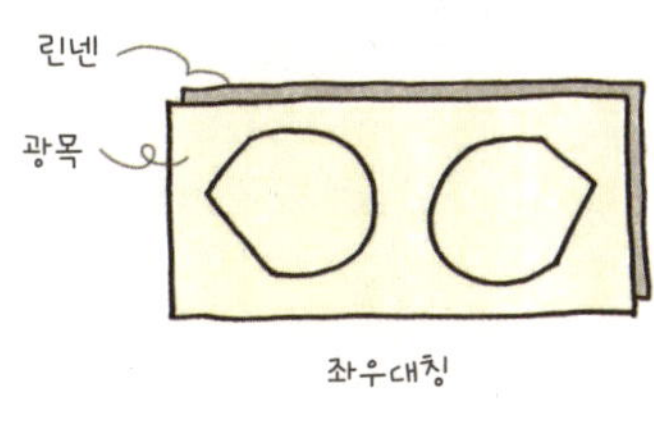

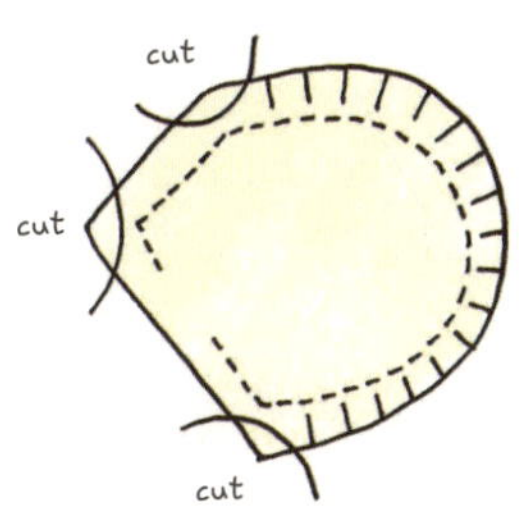

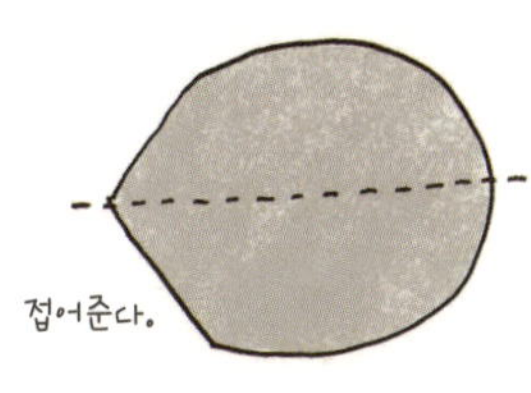

⑭ 린넨 원단과 광목을 겹쳐 좌우대칭으로 귀를 바느질한 후 뒤집어 접어준다.

귀를 공그르기로
달아준다.

⑮ 공그르기로 귀를 바느질해주면 완성.

안전하게 보관해주렴

카드 홀더

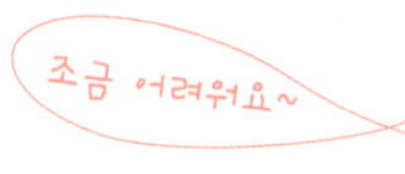

꽃무늬 원단 35×35cm, 갈색 원단 25×20cm, 4온스 접
착솜 25×15cm, 심지 25×15cm, 똑딱단추 1개, 솜 약간,
8mm 캣츠아이 1쌍, 수실 약간, 오링 2개, 체인 30~50cm,
토글바(잠금장치), 미니어처 초콜릿

① 꽃무늬 원단 뒷면에 솜과 심지를
스팀다리미로 눌러 붙여준다.

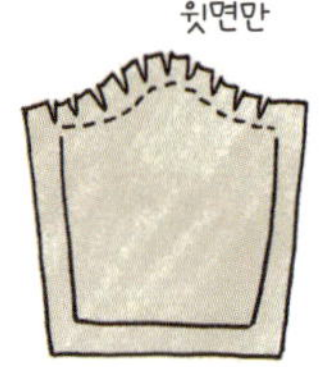

② 포켓이 될 패턴을 그림처럼 위의 곡선 부분만
바느질해서 뒤집어준다.

③ 앞면은 시접을 접어 시침질해주고, 뒷면은
바느질한 포켓과 함께 시접을 접어 시침질해
준다(뒷면에 똑딱단추를 달아준다).

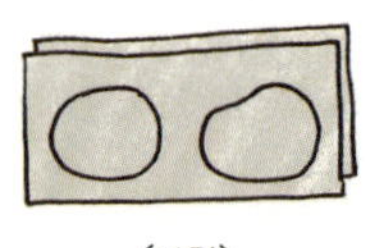

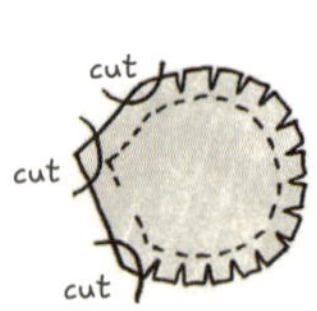

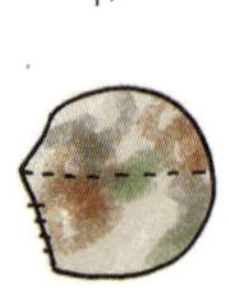

④ 팔과 다리, 손과 발을 그림과 같이 바느질해서
뒤집어준 후, 약간의 솜을 넣어 준비한다. 귀도
바느질해서 준비한다.

⑦ 앞면과 뒷면 사이에 고리와 심지를 넣어 함께 공그르기로 바느질해준다.
고리에 오링, 체인, 토글바를 달아주면 완성

hairband

샤방샤방 이렇게 예뻐도 되니?

여리띠 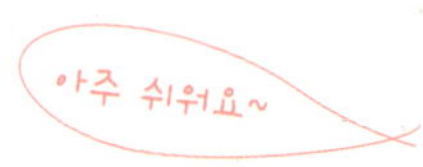

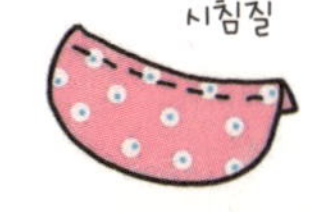

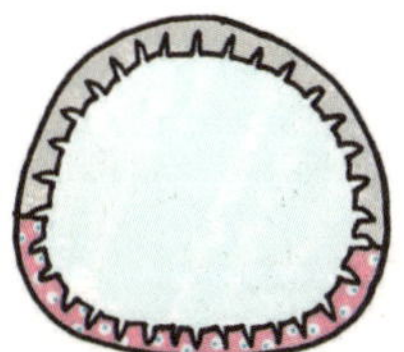

① 린넨 원단 뒤에 패턴대로 재단한 솜과
심지를 붙인다(원단-솜-심지).

② 꽃무늬 원단을 패턴대로 재단하고,
윗면을 그림과 같이 접어 시침질한
다음 공그르기로 바느질한다.

③ ②의 시접을 안쪽으로
접어 시침질해준다.

④ 귀를 바느질해서 접은 후, 양의 뒷면에
바느질이나 접착제로 붙여준다.

⑤ 얼굴을 공그르기로 바느질해서
붙여주고, 눈과 코를 붙이고
수놓아준다.

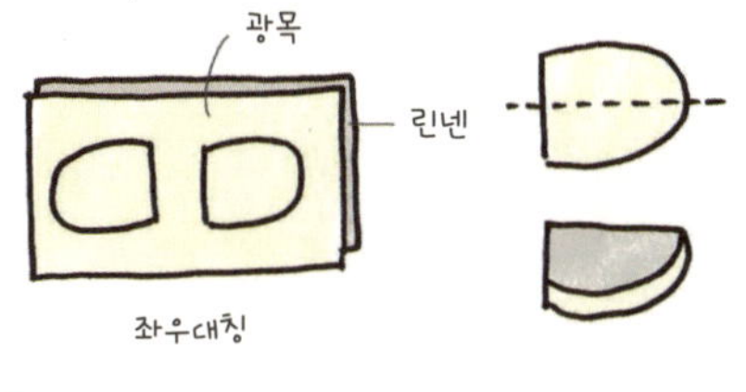

⑥ 펠트 바닥 위에 양을 먼저
붙여준 후 쉬폰을 꽃 모양
으로 잘라 2~3번 접어 글루
건으로 예쁘게 붙여준다. 비
즈나 꽃으로 예쁘게 장식해
서 머리띠에 글루건으로 붙
여주면 완성!

간단한 외출을 할 때는
크로스백

재료 준비   린넨 35×20cm, 안감 35×20cm, 꽃무늬 원단 35×15cm,
광목 20×10cm, 4온스 접착솜 30×20cm, 심지 30×20cm,
가방링 고리 2개, 8mm 캣츠아이 1쌍, 20~25cm 지퍼, 끈,
갈색 수실 약간

① 린넨 원단에 패턴대로 재단한 4온스 솜과 심지 순으로
스팀다리미로 눌러 접착해준다.

② 꽃무늬 원단 앞면에 포켓 패턴을 겉면이
안으로 가도록 겹쳐 바느질한 후 뒤집어
퀼팅해준다.

③ 퀼팅해준 포켓을 ①의 위에 올려놓고 시접을 안으로 꺾어 시침질해준다.
얼굴을 공그르기로 바느질해주고, 눈을 달고, 코는 수놓아준다.

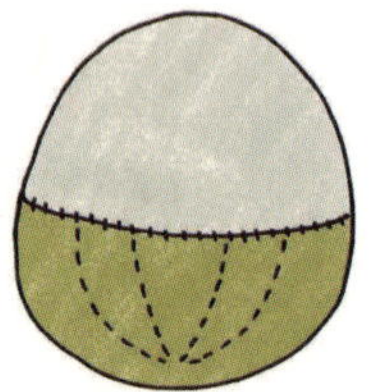

④ 뒷면은 패턴 위쪽을 그림과 같이 시접을 접어 공그르기로 바느질해주고,
③처럼 시접을 안으로 접어 시침질해준다.

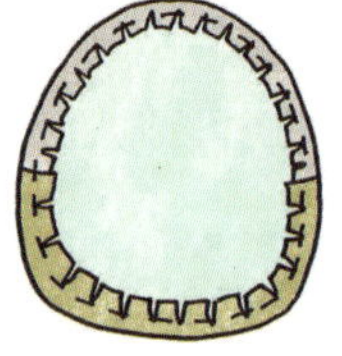

⑤ ③과 ④를 그림과 같은 방법으로 시접을 접어 시침질한 안감과 함께 공그르기로 바느질해준다.

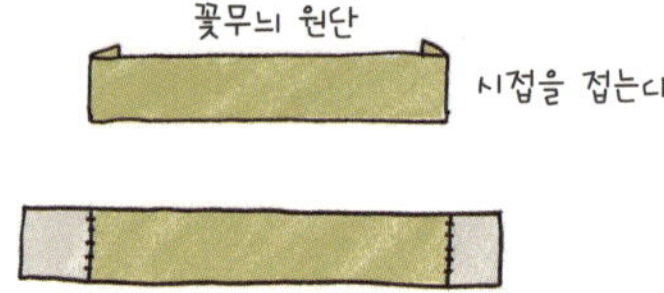

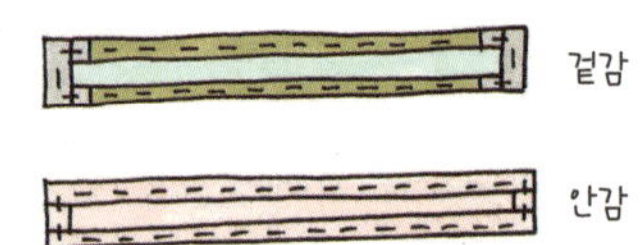

⑥ ①에서 솜과 심지를 붙여놓은 가방밑판 위에 꽃무늬 원단을 바느질해준다.
시접을 안으로 접어 시침질해주고, 안감도 시침질해 준비해준다.

<걸고리 만들기>

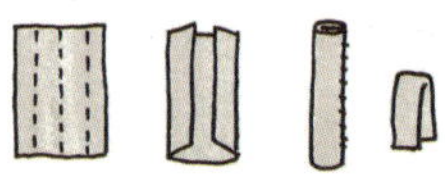
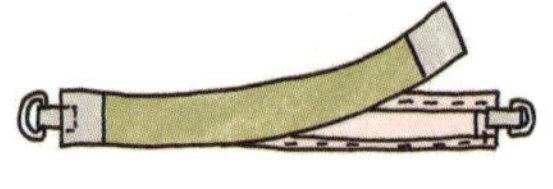

⑦ 가방 걸고리를 그림과 같이 바느질해서 고리를 걸어
겉감과 안감 사이에 넣고 공그르기로 바느질해주고,
⑤를 앞뒤로 바닥판과 함께 공그르기로 연결해준다.

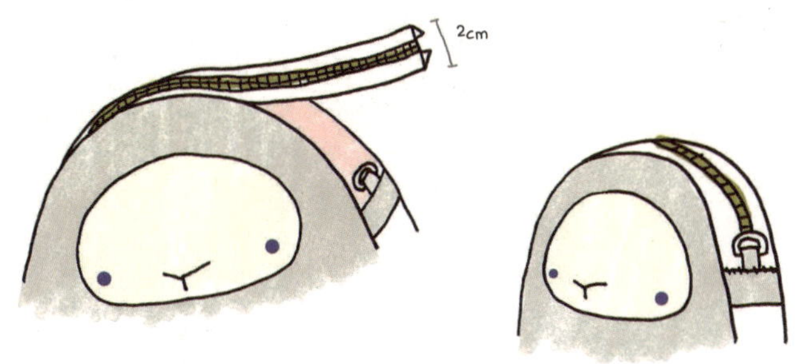

⑧ 지퍼를 폭 2cm로 시침질해서 가방 윗면에 공그르기로 바느질해준다.

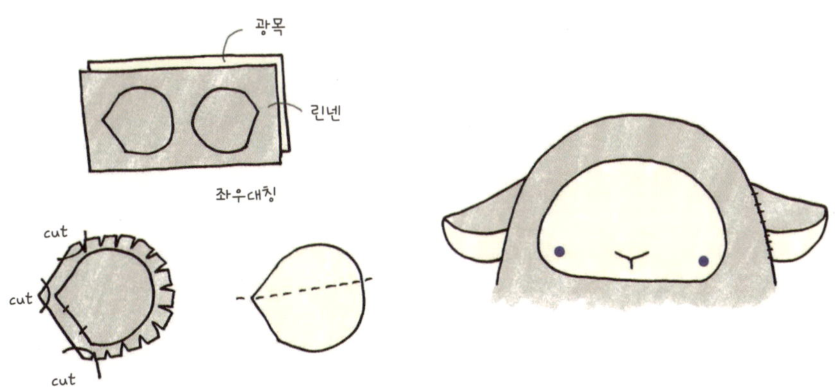

⑨ 귀를 그림과 같이 바느질해서 공그르기로 양옆에 달아주면 완성!

key holders
열쇠도 센스 있게
키홀더
쉬운 편이에요~

재료 준비 린넨 25X30cm, 광목 20X20cm, 노란색 원단 10X3cm, 망사 원단 75X5cm, 펠트 2X1cm, 4온스 접착솜 20X11cm, 솜, 4mm 캣츠아이 1쌍, 분홍 수실, 갈색 수실, 열쇠링, 끈 35cm

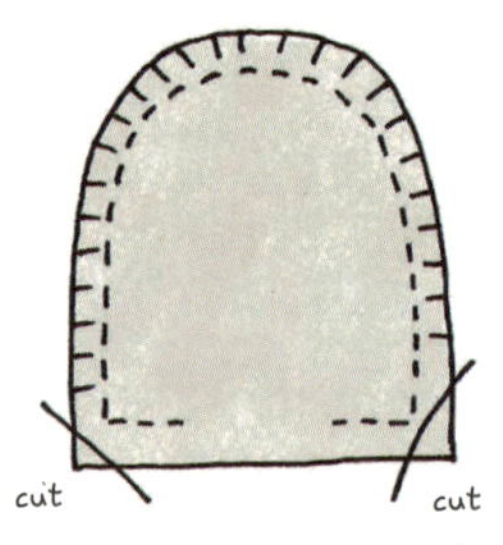

① 패턴대로 재단한 4온스 접착솜을 린넨 원단에 다리미로 눌러 접착한다.

② 그림처럼 창구멍을 남기고 바느질한 후, 가위집을 주고 뒤집어준다.

③ 얼굴 패턴대로 재단한 2온스 접착솜을 광목 원단에 붙이고, 시접을 접어 넣어 시침질한다.

④ 공그르기로 몸체에 바느질한다. 눈을 달아주고 코는 수를 놓아준다.

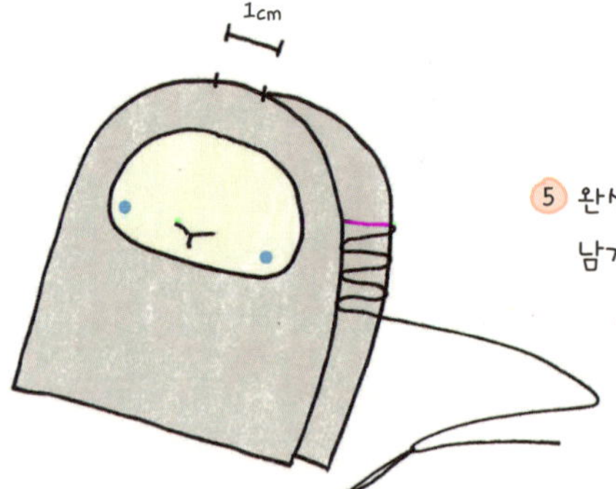

⑤ 완성한 앞판과 뒷판을 머리 위에 1cm 정도 남겨놓고 양옆을 공그르기로 연결해준다.

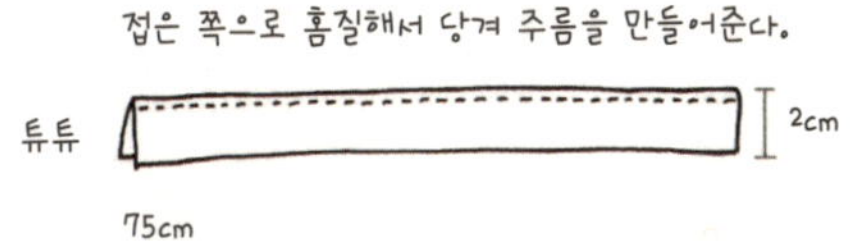

⑥ 다리, 팔, 귀를 그림처럼 각각 바느질해서 뒤집어 솜을 넣고, 창구멍을 공그르기로 막아 준비한다. 다리에는 분홍 수실로 토슈즈를 수놓아준다.

⑦ 망사 원단을 반으로 접어 자잘하게 홈질해서 잡아당겨 주름을 잡아 튜튜를 만들어준다.

⑧ 몸체에 귀와 팔, 다리를 공그르기로 바느질해서 달아주고, 주름을 잡아놓은 튜튜를 허리에 감침질로 바느질해준다.

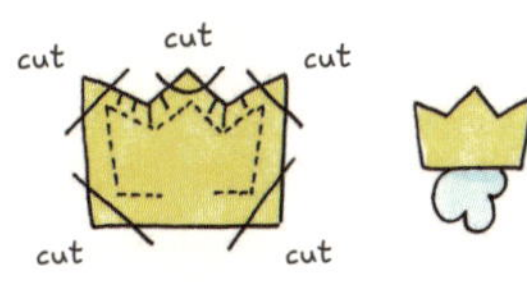

⑨ 노란색 원단으로 왕관을 만들어 창구멍을 막아준다.

⑩ 그림처럼 펠트 천을 잘라 뒷면에 바느질해준다. 그 사이에 끈을 통과 시켜서 스톱퍼를 만들어 열쇠고리와 함께 꿰어주면 완성!

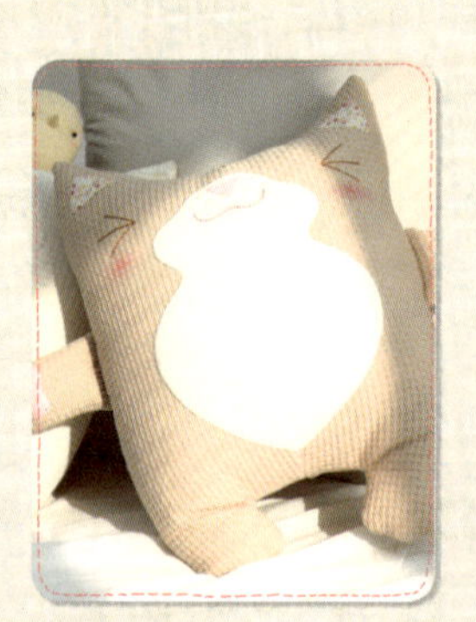

이제 하루를 정리하고 잠자리에 들 시간이에요.

오늘도 행복했어요.

잘 자요!

×××××××××××

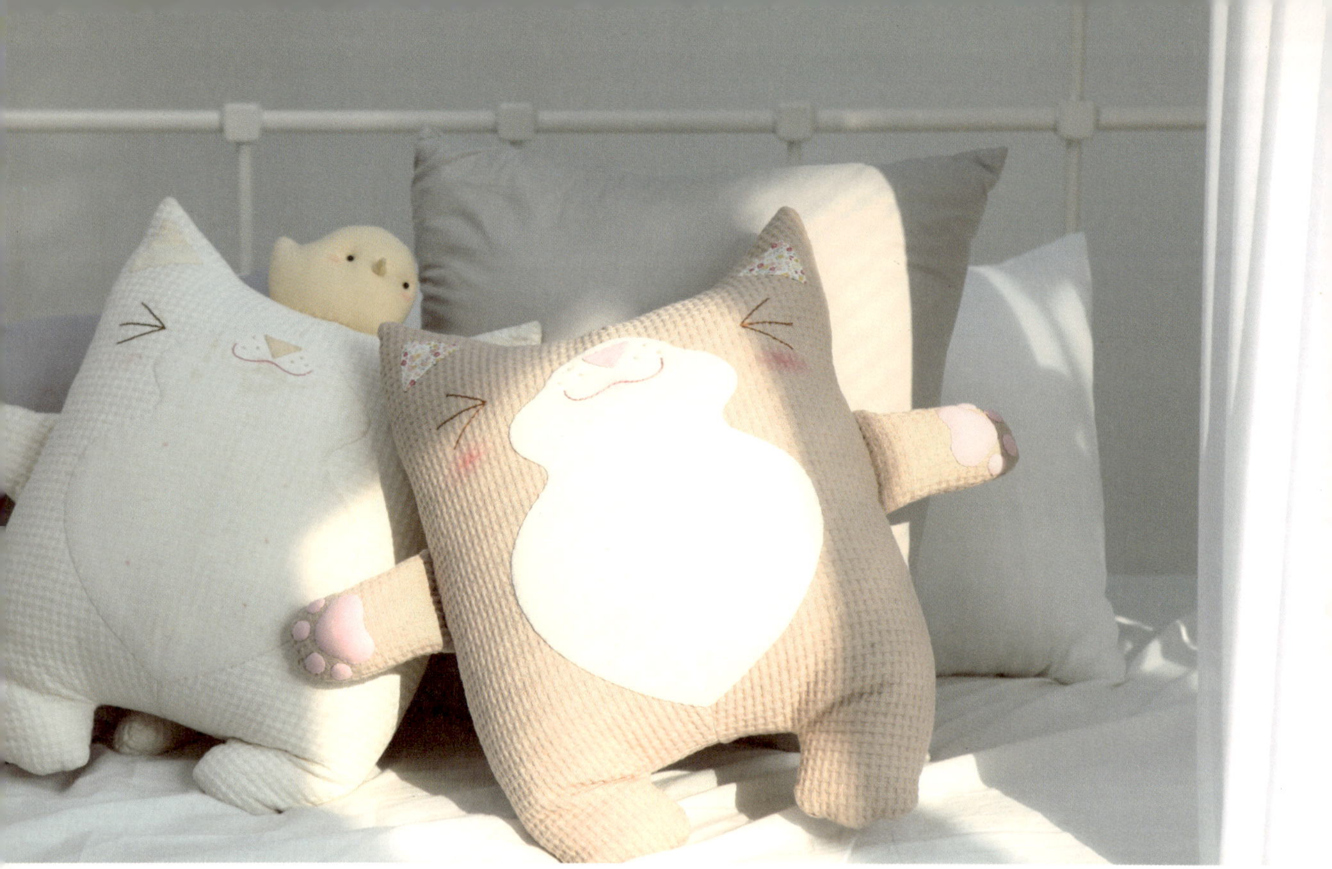

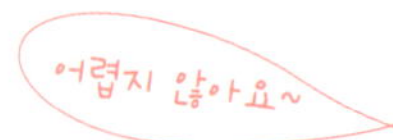
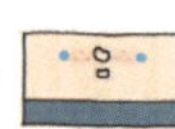

품에 꼭 안으면 기분이 좋아져

쿠션

어렵지 않아요~

★★★

재료 준비 베이지색 와플 원단 110X45cm(1/2마), 광목 40X40cm, 분홍색 원단 30X20cm, 꽃무늬 원단 6×15cm, 2온스 접착솜 35X35cm, 솜, 갈색 수실, 시드비즈 6개

베이지색 와플 원단

다트넣기

① 고양이 패턴을 그림처럼 와플 원단 뒷면에 그려준다. 양쪽 귀 부분에 다트를 바느질 해준다.

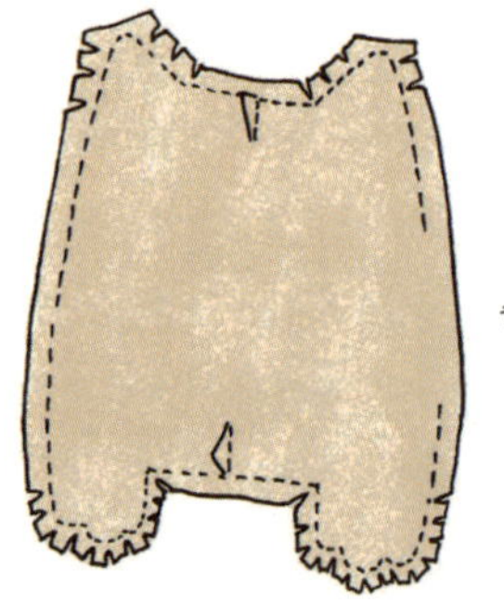

창구멍

뒤집어 솜을 넣어준다.

② ①을 겉면끼리 마주대고 창구멍을 남기고 바느질해준 후, 시접 부분에 꼼꼼하게 가위집을 넣어 뒤집어준다.

③ 통통하게 솜을 넣어주고 창구멍을 막아준다.

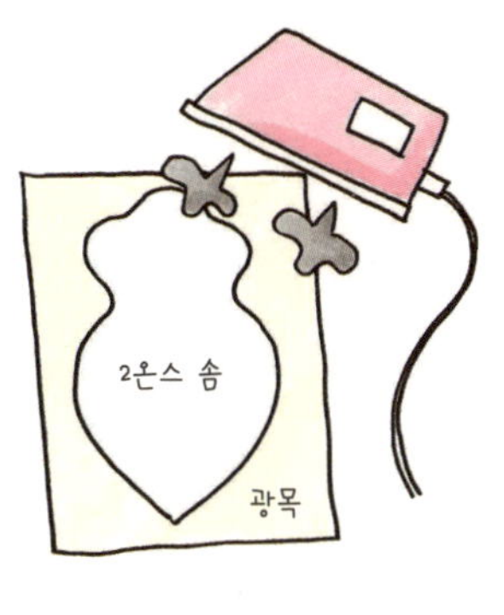

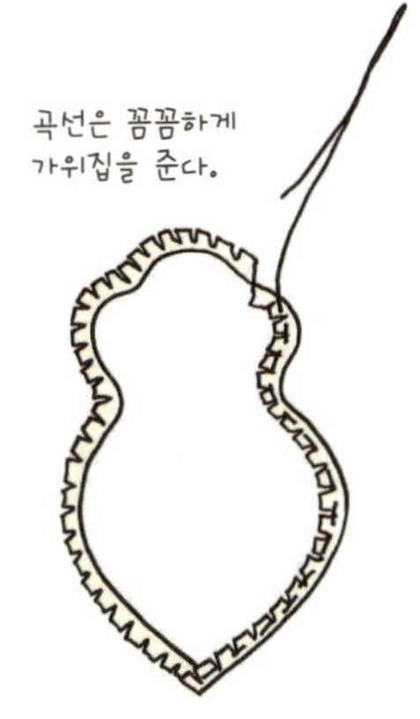

④ 광목 원단 뒷면에 배 패턴대로 재단한 접착 솜을 올려 붙여준 후 시접을 안으로 접어 시침질해준다.

⑤ ③에 배를 올려 공그르기로 바느질해준다. 귀와 코를 분홍색 원단을 삼각형으로 접어 공그르기로 바느질한다. 비즈로 주근깨를 만들어주고, 눈과 입은 수놓아준다.

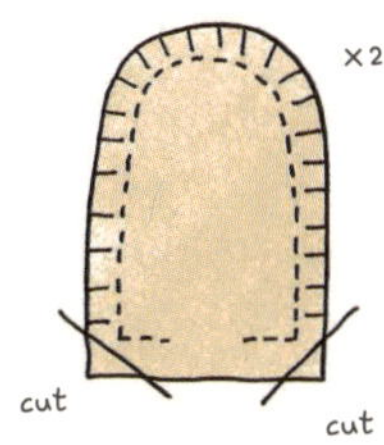

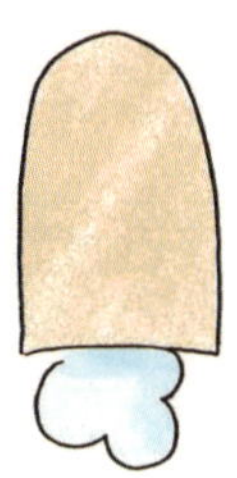

⑥ 와플 원단을 겉면끼리 2장 겹쳐 발과 꼬리를 그려준다. 발은 바느질해서 뒤집어 솜을 넣어준다.

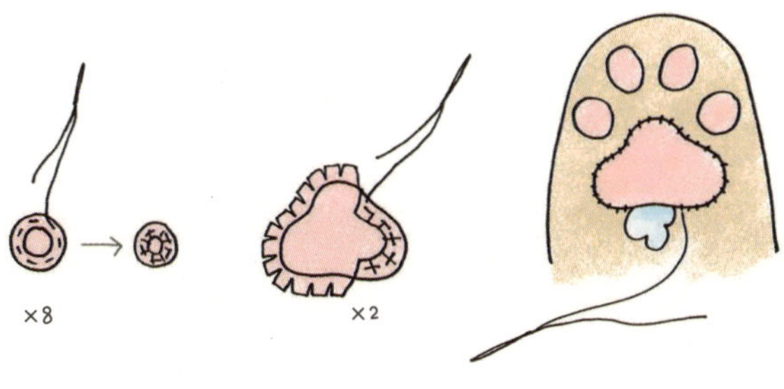

⑦ 고양이 발바닥은 그림과 같이 시접을 안으로 접어 시침질해준다. 다리에 공그르기로 발바닥을 붙여주고, 솜을 넣은 후 마무리한다.

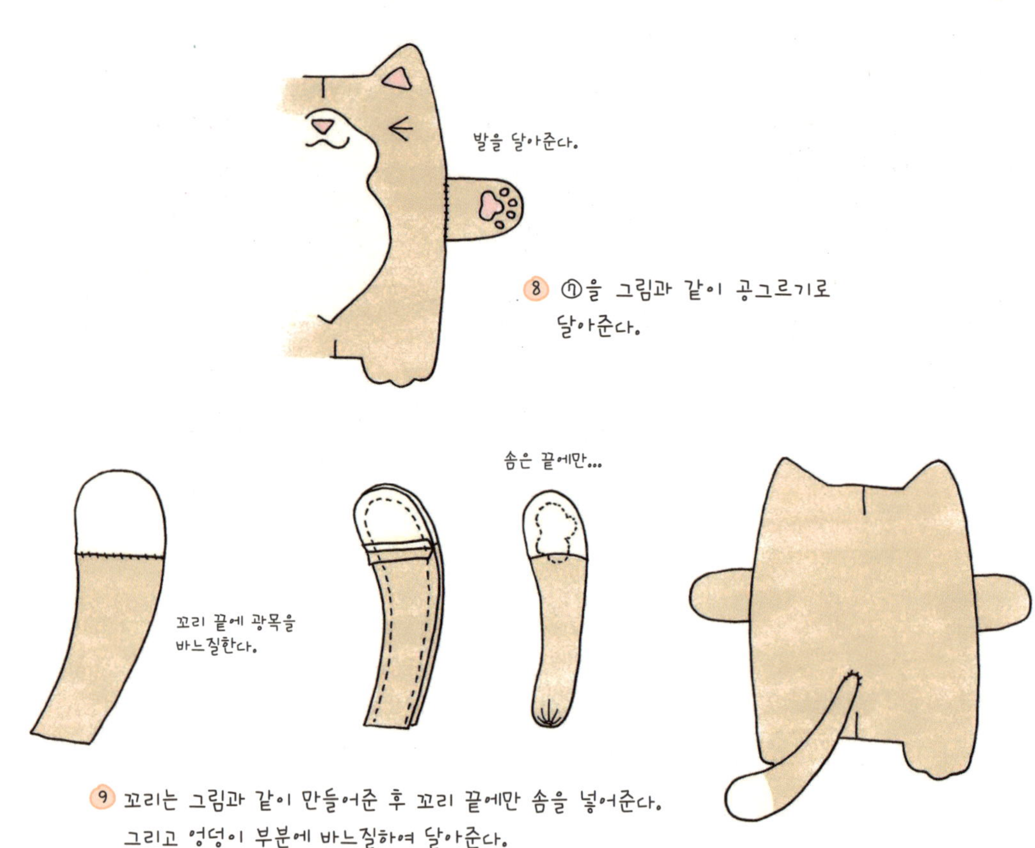

8 ㉠을 그림과 같이 공그르기로
달아준다.

9 꼬리는 그림과 같이 만들어준 후 꼬리 끝에만 솜을 넣어준다.
그리고 엉덩이 부분에 바느질하여 달아준다.

품에 꼭 안으면 기분이 좋아져
쿠션

날 꿈나라로 데려다주렴

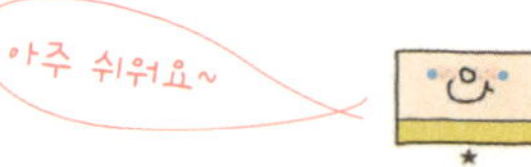

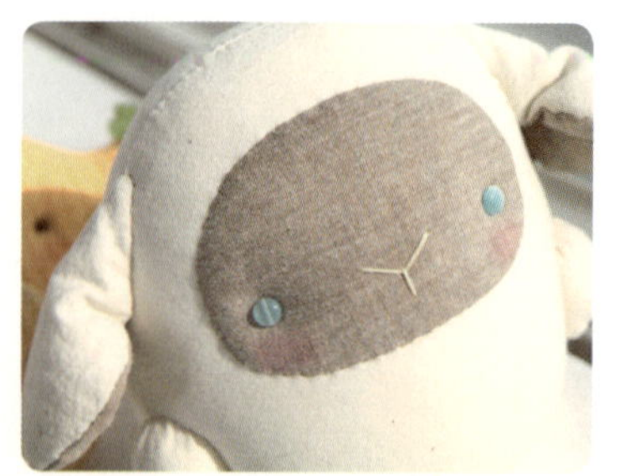

  **재료 준비** 광목 50X40cm, 린넨(or 베이지색 원단) 20X20cm,
2온스 접착솜 15X10cm, 솜, 8mm 캣츠아이 1쌍,
갈색 수실, P·P알갱이

① 광목을 2장 겹쳐 몸체를 바느질한다. 가위집을 주고 뒤집어 솜을
통통하게 넣어준 후 홈질로 바느질해서 당겨준다. 당겨준 후에도
솜을 넣어서 예쁘게 모양을 잡아준다.

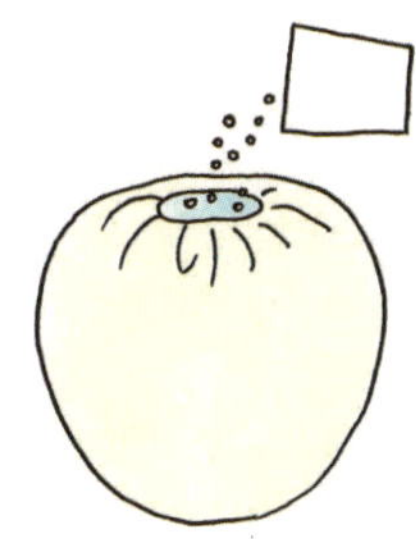  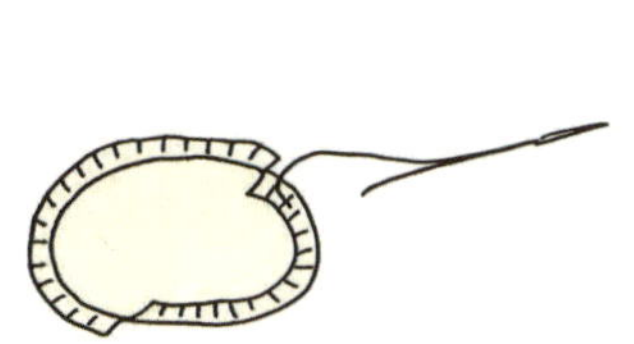 

② 바닥 쪽에 P·P 알갱이를
넣어서 무게를 준다.

③ 바닥판을 만들어(시접을 안으로 접어 시침질)
인형 바닥을 공그르기로 바느질해준다.

 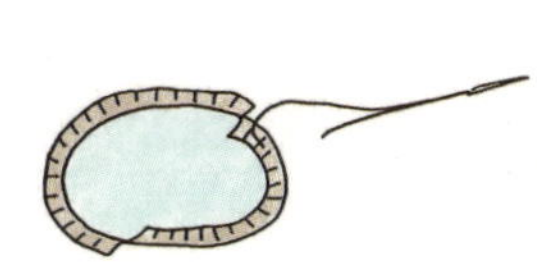

④ 2온스 솜을 베이지색 원단 뒷면에 스팀다리미로
붙여준 후, 시접을 안으로 접어 시침질해준다.

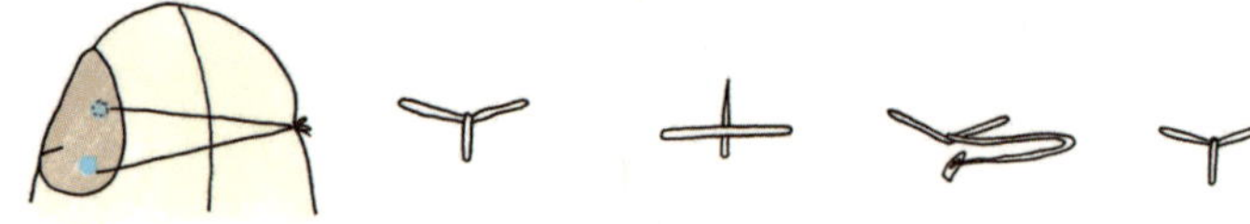

⑤ 얼굴을 ③에 공그르기로
바느질해준다.

⑥ 눈을 달아주는데, 인형 머리 뒤쪽으로 실을 잡아당겨
표정을 만들어준다. 코는 수를 놓아준다.

<손>    ×2

⑦ 베이지색 원단으로 손을 바느질해서 그림과 같이
가위집을 넣어주고 뒤집어 솜을 넣는다.

<팔> 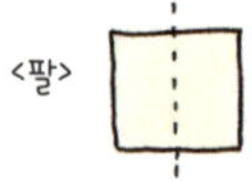    ×2

⑨ 팔에 손을 공그르기로
바느질해준다.

⑧ 팔도 바느질해서 위아래를 홈질해서
잡아당겨 솜을 통통하게 넣어준다.

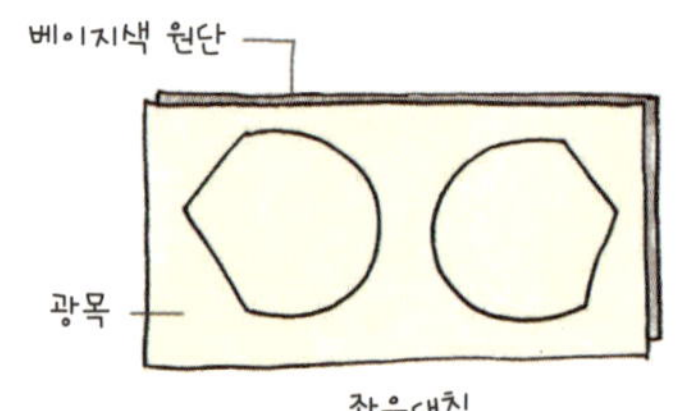

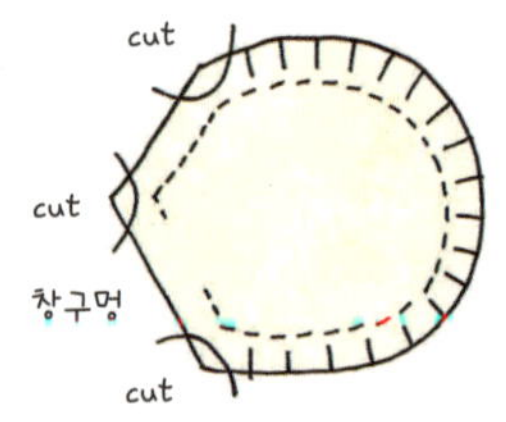

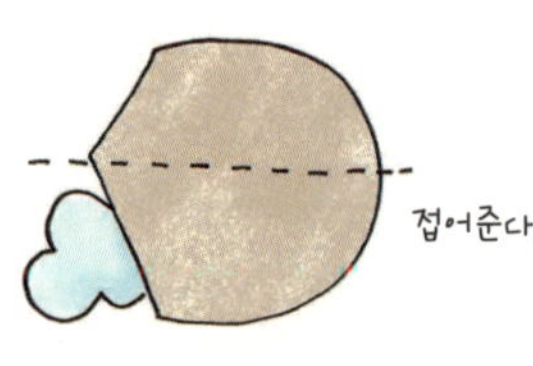

⑩ 베이지색 원단과 광목을 겉면끼리 마주대고 겹쳐
귀를 바느질해주고 뒤집어 솜을 약간만 넣어준다.

⑪ 공그르기로 귀를 달아준다.

내일 친구에게 선물할 거야
병아리 인형
날 꿈나라로 데려다주렴
양 인형

내일 친구에게 선물할 거야
병아리 인형

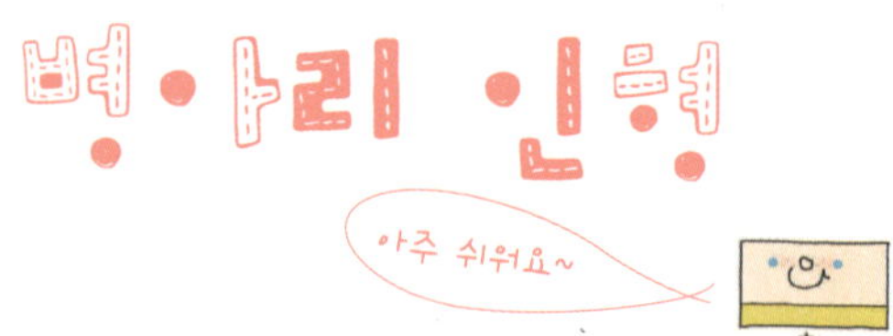

 **재료 준비** 노란색 화플 원단 30X20cm, 연노란색 원단 3X3cm, 솜, 4mm 검은색 비즈 1쌍

① 노란색 원단에 패턴을 그려서 재단한 후 겉면끼리 마주대어 창구멍을 남기고 바느질한다. 시접에 가위집을 낸 후 뒤집어준다.

창구멍

 ② 솜을 통통하게 넣어준다.

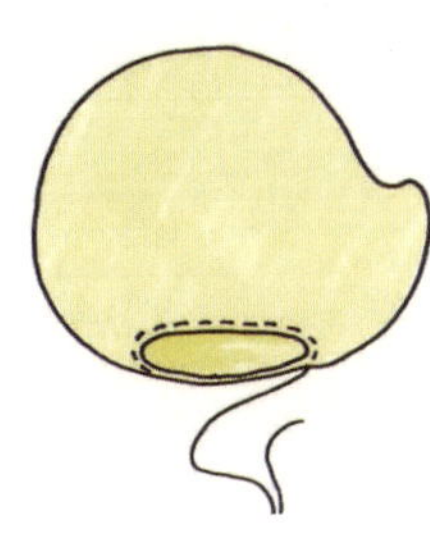

③ 창구멍을 홈질해서 잡아당겨준다.

<부리>

cut

④ 부리를 바느질해서 뒤집어주고, ③에 공그르기로 달아준다. 눈도 바느질해서 붙여준다.

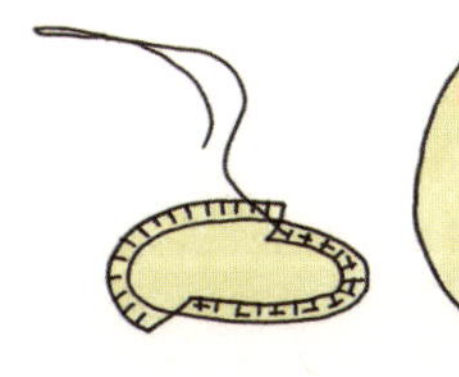

⑤ 바닥판을 시침질해서 아랫면에 공그르기로 붙여주면 완성!

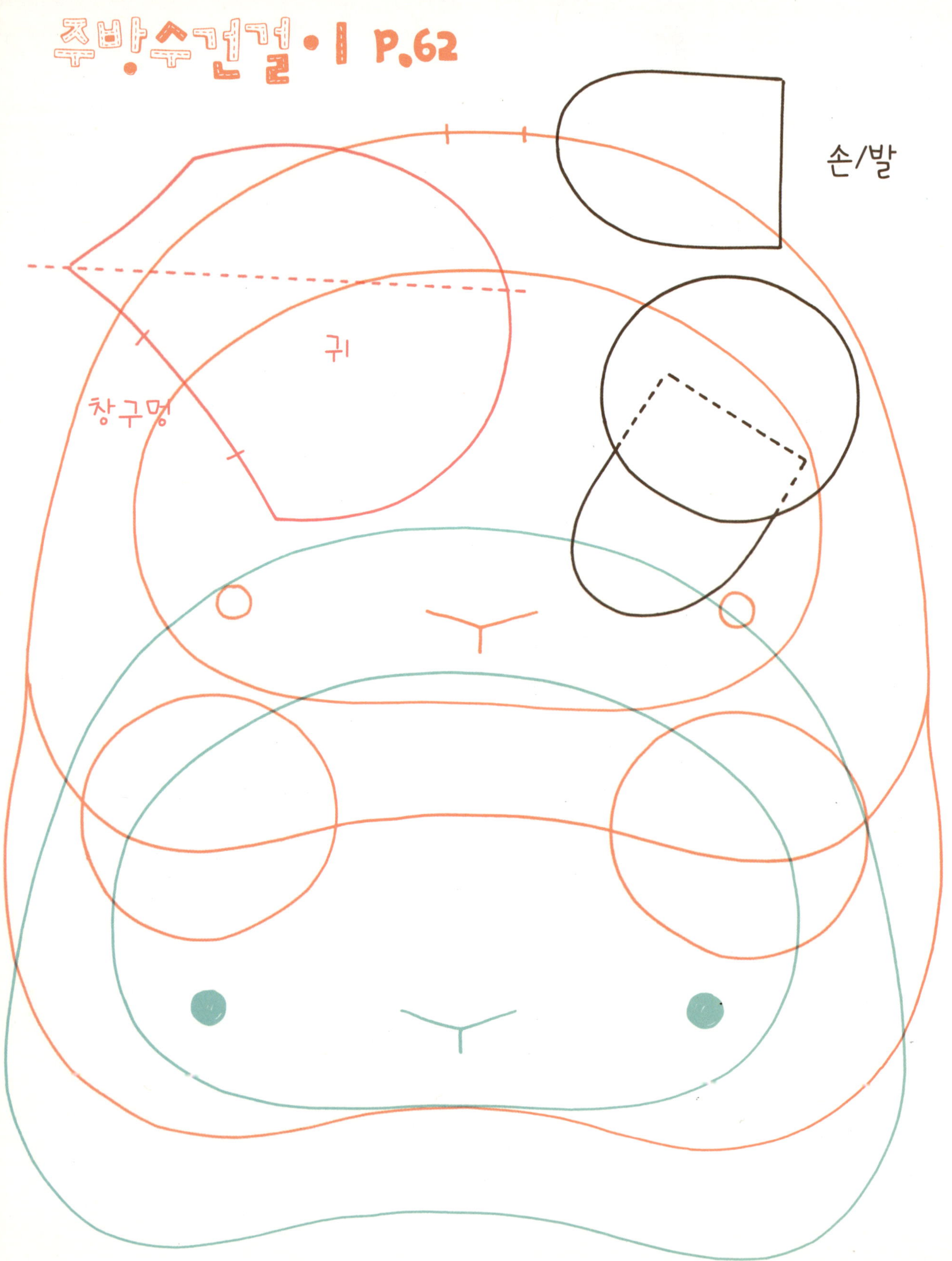

주방수건걸이 P.62
손/발
귀
창구멍
손/발

다이어리 홀더 P.40

냅킨링 P.52

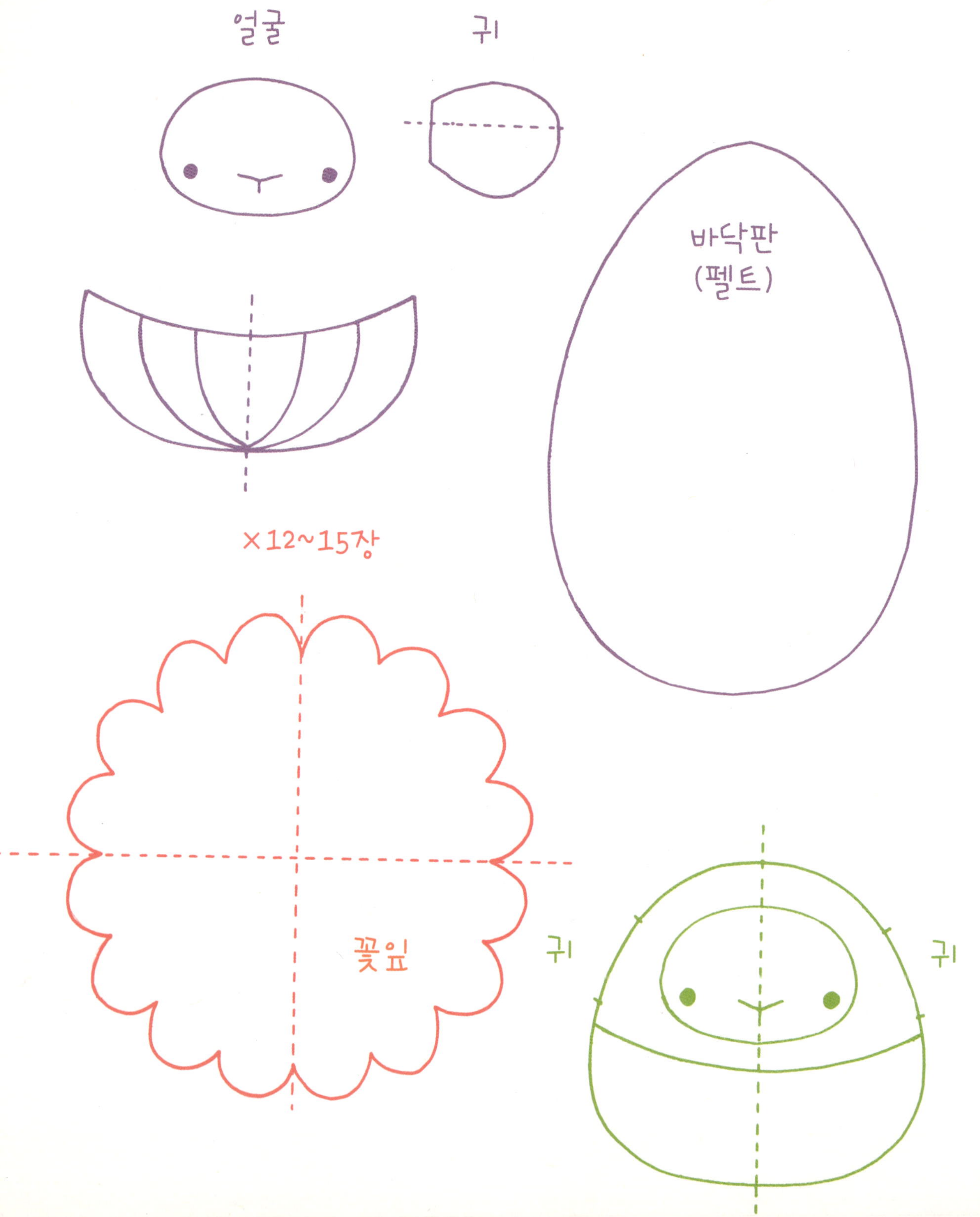

얼굴
귀
바닥판
(펠트)
×12~15장
꽃잎
귀
귀

카드 홀더 P.112

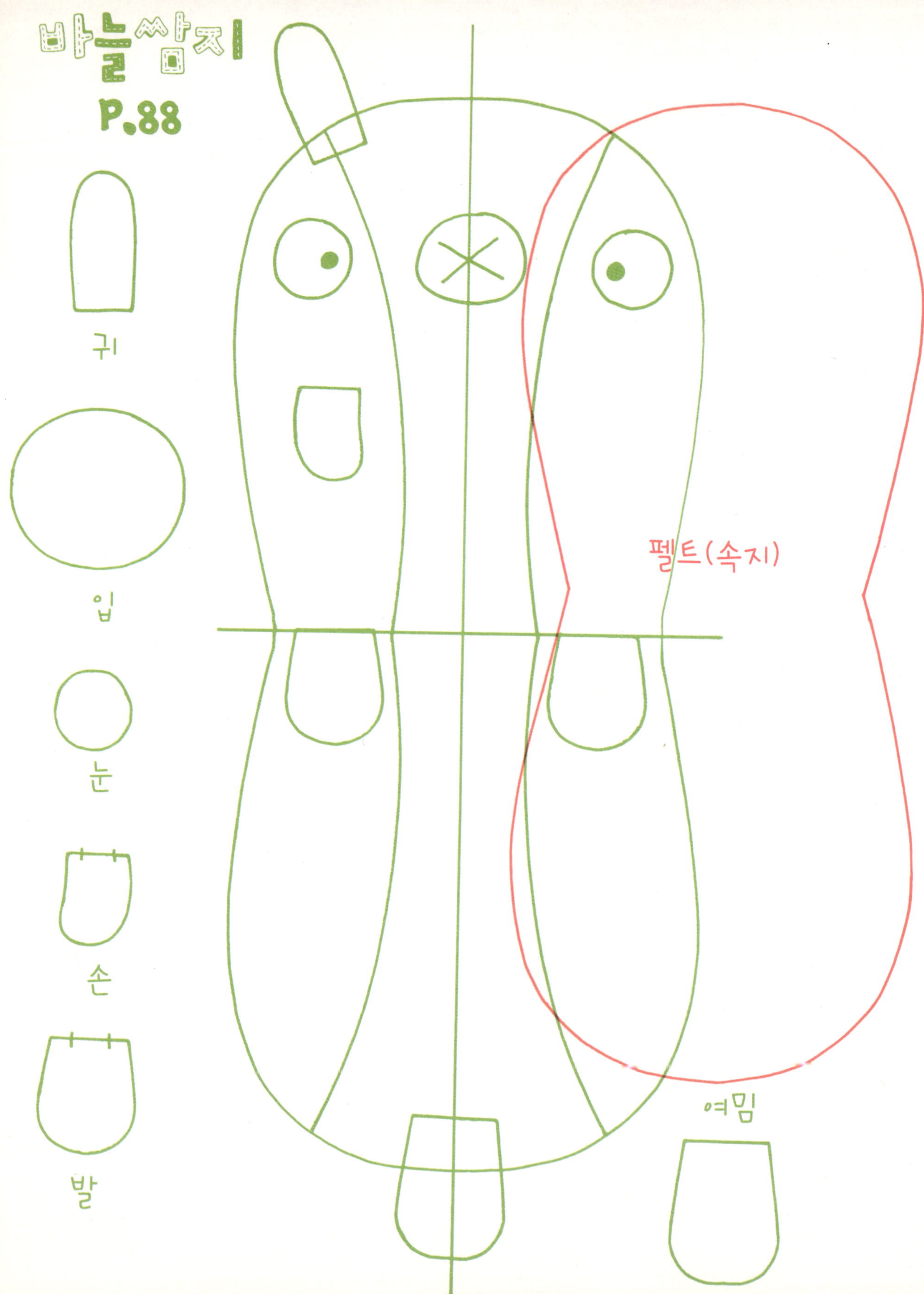

바늘쌈지
P.88
귀
입
눈
손
발
펠트(속지)
여밈

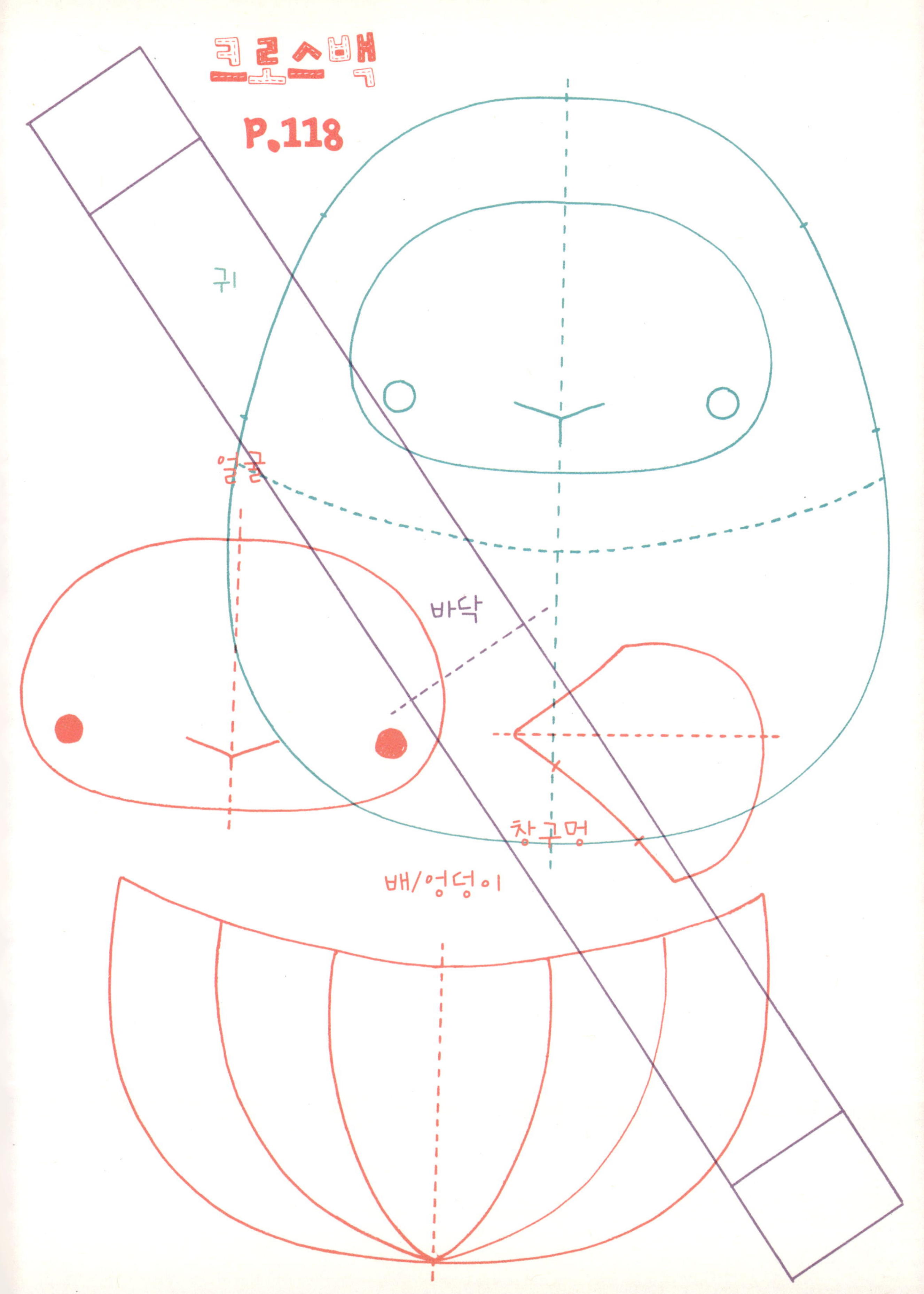
코로스백
P.118
귀
얼굴
바닥
배/엉덩이
창구멍

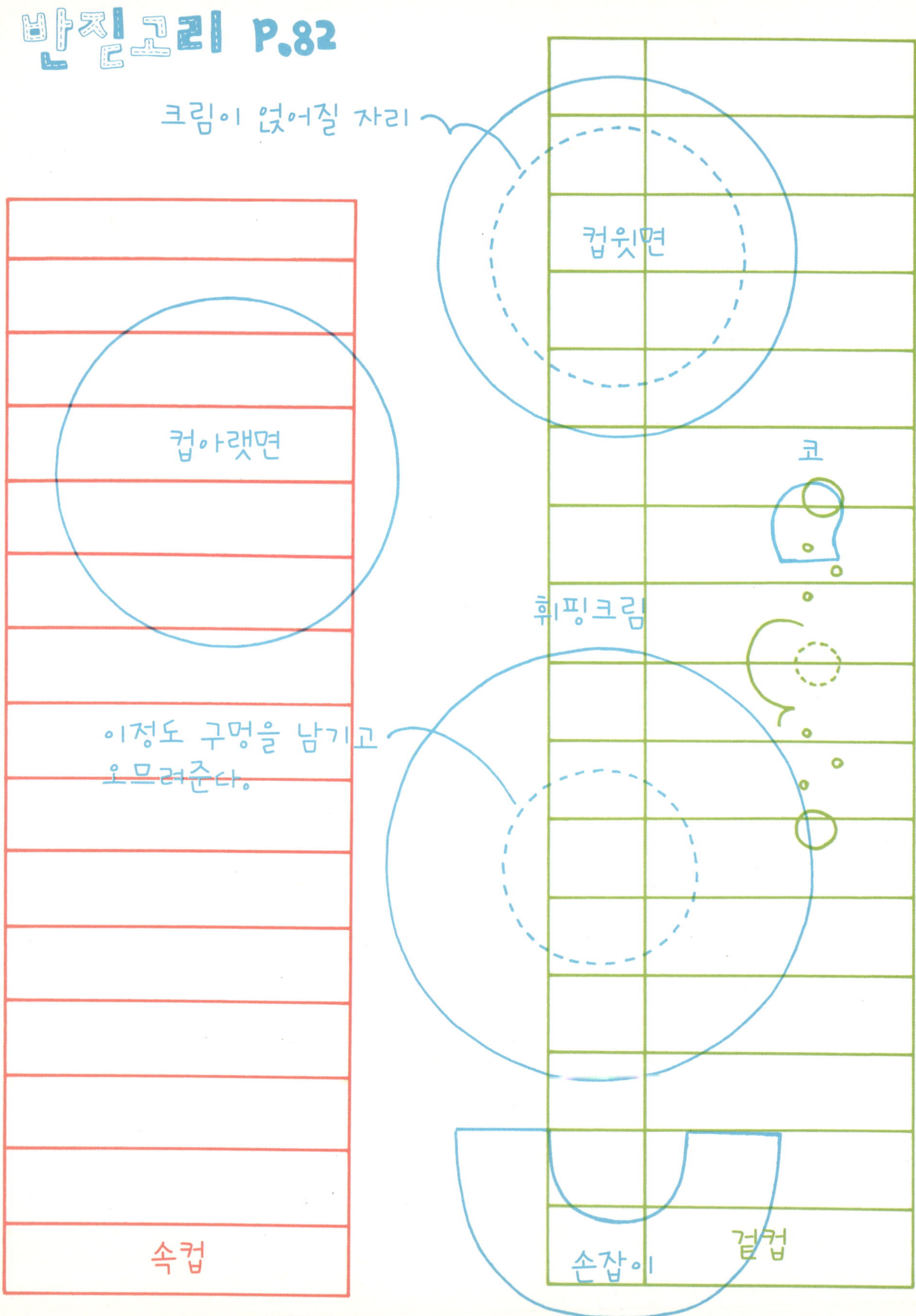
반짇고리 P.82
크림이 얹어질 자리
컵윗면
컵아랫면
코
휘핑크림
이정도 구멍을 남기고
오므려준다.
속컵
손잡이
겉컵

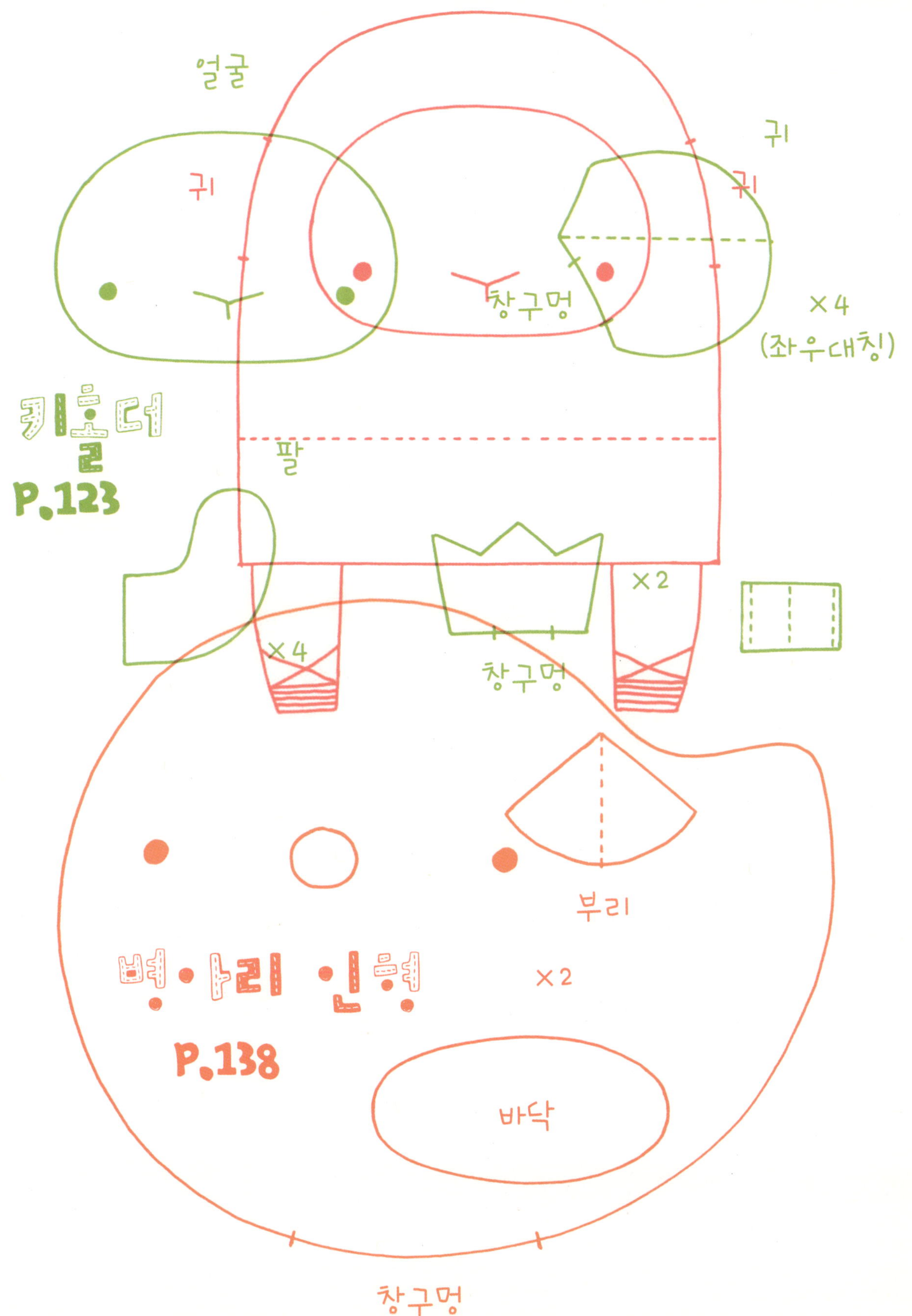

얼굴
귀
귀
귀
귀
창구멍
×4
(좌우대칭)
키홀더
P.123
팔
×2
×4
창구멍
부리
별아리 인형
P.138
×2
바닥
창구멍

말짱햇님의 행복한 소품 만들기

초판 1쇄 발행 2012년 1월 5일
초판 3쇄 발행 2014년 2월 5일

지은이 이은주

펴낸이 이지은 **펴낸곳** 팜파스
기획 이진아 **편집** 정은아
사진 그림스튜디오
디자인 조성미 **마케팅** 정우룡
인쇄 (주)미광원색사

출판등록 2002년 12월 30일 제 10-2536호
주소 서울시 마포구 서교동 404-26 팜파스빌딩 2층
대표전화 02-335-3681 **팩스** 02-335-3743
홈페이지 www.pampasbook.com | blog.naver.com/pampasbook
이메일 pampas@pampasbook.com

값 15,000원
ISBN 978-89-93195-71-2 (13590)

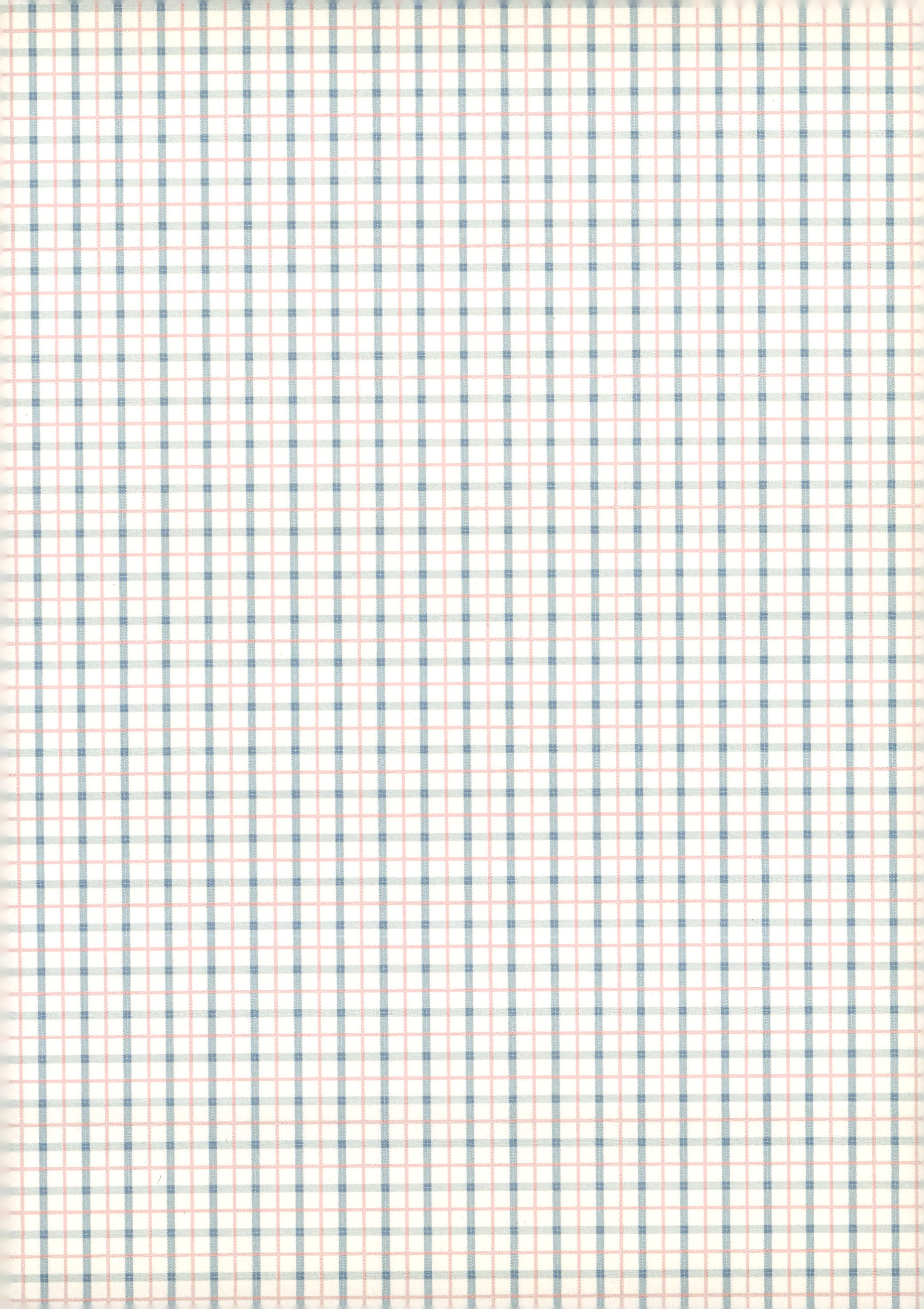

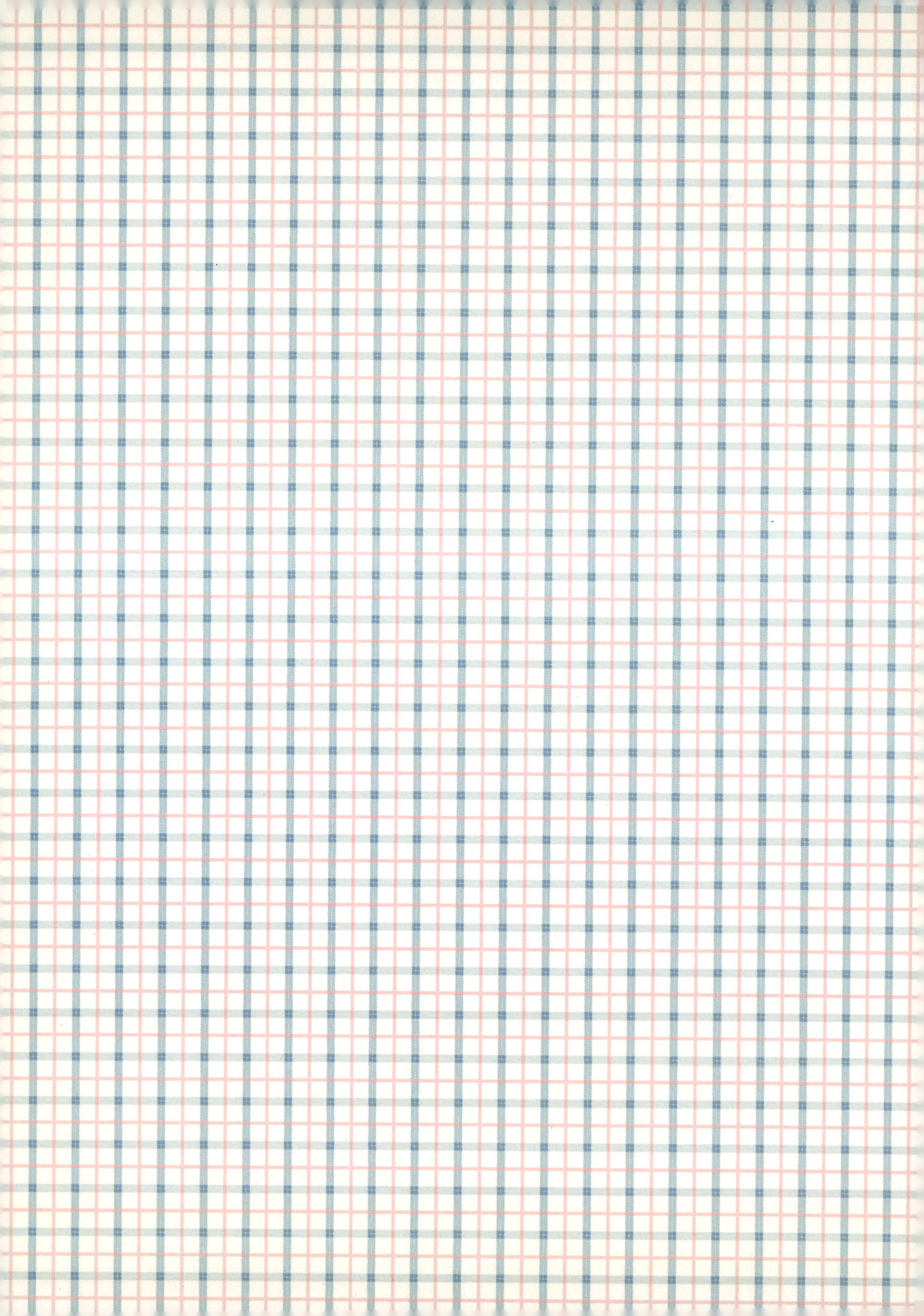

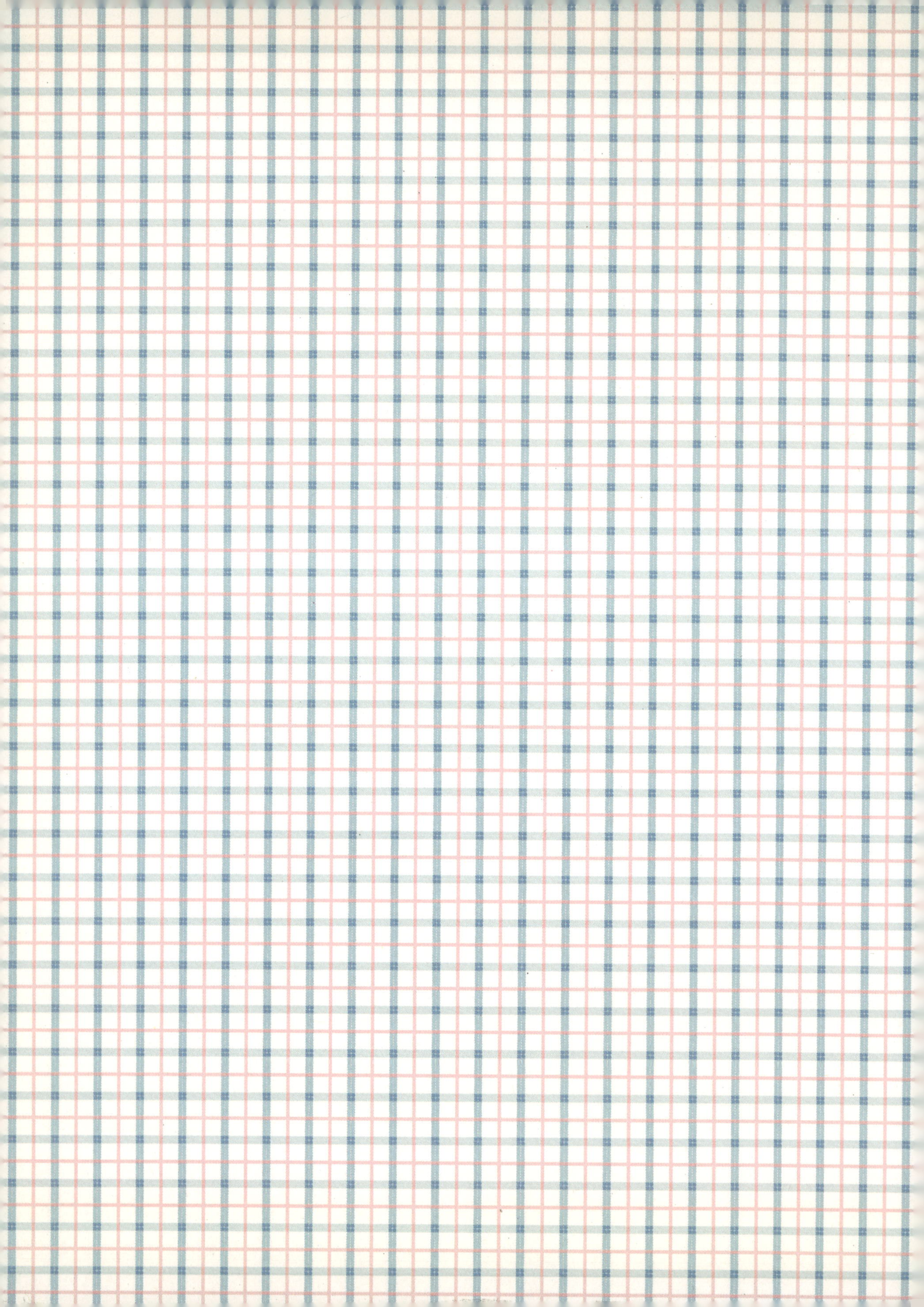